花园MOOK特辑

花坛设计

〔日〕天野麻里绘 / 著　光合作用 / 译

长江出版传媒
湖北科学技术出版社

小而美的花坛
用心与梦构筑的自由空间

无论是在狭小的庭院，还是在公寓楼等公共住宅区，只要拥有一方小小花坛，不仅能为空间增色，更可以在方寸之间品味四季的更迭。

不管在什么样的场所，只需稍下功夫，并佐以些许的灵感，就能建造出魅力十足的花坛。

本书以丰富的案例与图片，为读者详细介绍个中要领，即使新手，也能顺利打造出一座座颜值与内涵兼备的小花坛。

Contents 目 录

* 本书中的植物名均为市场流通名。

* 本书中所有的种植数据、操作均是以日本关东南部以西的太平洋侧平原地区为基准。每种植物的生长状态以及实际所需操作都会因气候、环境、栽培条件而有所不同，希望读者可以根据条件灵活判断。

Chapter 1
打造小花坛很简单，新手也能一看就会！

方便又好用的工具

工欲善其事，必先利其器。选择合适的工具，可以帮助我们又快又好地完成工作。例如，铲子宜选择尺寸适合自己身高的轻便款；使用锋利的剪刀，手就不容易发酸。下面，将为大家推荐一些便利好用的工具。

园艺剪刀
这款剪刀适用于大部分的操作。无论是剪除细弱的枝条，还是剪除残花，它都可以胜任。

修枝剪
宜选用刀刃经过打磨、锋利又轻便，且容易握住的款式。如果修枝剪太沉重、太钝的话，使用起来会非常费力。

修枝锯
建议选择刀刃长度在70cm左右的中型修枝锯。锯齿粗细适中，不使用时可以折叠，配有安全锁扣的款式，会十分方便。

小型锤子
在铺设砖块或石头的时候，可以用它进行敲打，缩小间距，或起到夯固土壤的作用。也可以当作木槌的替代品。

刮板
将大小适中、适合抓握的板子裁切成梯形，就成了刮板。它可以用来平整花坛的土壤。

三角锄头
可以用于除草、挖起旧植株、替换新的植株等，十分方便。

移苗铲
最好选择没有接缝、金属制的铲身与铲柄一体成型的款式。铲身的长度应与洞穴的深度相适应。

桶铲

这是制作组合盆栽时不可或缺的工具。

遮阳帽

在阳光强烈的季节，一顶宽帽檐的帽子必不可少。宜选择前后都能遮蔽阳光的款式。

水桶

水桶不仅可以用来运输水和土，还可以帮助我们装好工具方便携带。带有桶盖的款式可以用来收纳物品。建议选择容量为6~10L 的款式。

洒水壶

如果误选了小尺寸的洒水壶，水很快就会用完。选用容量为5~6L 的款式会更有效率。

中型铁铲

推荐金属制、无接缝、轻型、铲身与铲柄一体成型的款式。如果是太大的铁铲，则不能很灵活地挖种植穴。铲柄长度为50~60cm 的中型铁铲用起来比较顺手。

短围裙

短围裙可以轻松胜任摘除残花等日常打理工作，还可以根据服装风格选择不同的颜色或图案进行搭配。

橡胶手套

建议选择防水、柔软、防滑、适合手掌大小的橡胶手套，轻薄的款式能应对精细的工作。

工具包

附有背带的工具包可以放入剪刀、锯子、扎带等，十分方便。

橡胶长靴

市面上也有短靴，但是在挖土的时候很容易把土带到靴子里，所以还是选择长靴为妥。建议挑选柔韧性好的长靴，以利于足部灵活弯曲伸展。

适用于花坛的各种建材

在打造花坛之前，首先要了解围砌花坛的建材有哪些。边饰选用的颜色或材质，对花坛的整体印象有很大的影响。如果要最大限度地凸显植物的话，自然风格的素材绝对是不二之选。

颜色丰富的砖块

砖块可以分为复古款、做旧款和普通的新款等。复古款经过常年风化，边角已经被磨平，色调也显得斑驳，印刻其上的岁月印迹耐人寻味。

- **A** 复古款
- **B** 复古款
- **C** 英式做旧款
- **D** 黄色复古款
- **E** 巴洛克风格
- **F** 复古庄园风格

推荐用于边饰的方形石材

独具一格的石材非常适合用于边饰。根据堆砌方式的不同，也能演绎出粗犷的风格。

上 / 方形石材（小） 下 / 铺路石

通用性极高的小方块石

小方块石是花岗岩加工而成的石材，通用性极高。产品以边长为90mm的正方体为主，也有从中间切割而成的厚度为45mm的长方体，称为半块方石。

左上 / 米白色（90mm×90mm×90mm）
右上 / 浅黄褐色（90mm×90mm×90mm）
左下 / 米黄色半块方石（90mm×90mm×45mm）
右下 / 深黄褐色半块方石（90mm×90mm×45mm）

将仿真木桩串联成木栅栏

　　将树脂等材料制作成的仿真木桩，用铁丝等联结起来，可以制作成花坛的边饰。因仅需弯曲就能围成花坛，新手也能轻松驾驭。建议选择看上去自然的款式，另外还有用碳化杉木制作成的款式。

适用于花坛的砂石

　　砂石可以运用于花坛边界与铺路石之间的过渡，还可以用于打造岩石花园等。既有普通的碎石，也有边角圆润的特殊种类。建议选择颜色明亮的砂石。

强烈推荐的不规则自然石块

　　碎石块是自然石块破碎之后形成的，因为是不规则的形态，所以显得很自然。其中，科茨沃尔德石和碎燧石知名度比较高。

　　上 / 碎燧石　　下 / 科茨沃尔德石

黄色砂石
直径30mm

咖啡色砂石

雨花石
直径30～50mm

白玉石
直径30mm

用成品砖块组合做花坛边饰

　　这是由大小不一、质感不同的材料堆砌在一起制成的，这样的素材也可以用于花坛边饰。

水洗砂
直径30mm

有效利用玄关周围的小空间

小空间也能轻松打造小花坛！院墙前、门前的过道、玄关周围的小空地都可以尝试。

有土的地方需要先松土，再更换或添加新的营养土，改良土壤后就可以当作花坛用了。要是此处原本就有花坛，需考虑花坛形状和所处环境，再选择一个喜好的色系作为主题，按预先的设定种上植物。

在玄关门边的狭长空间打造花坛

玄关大门边如果有一块细长有土的区域，我们可以将这一块当作花坛，种上喜欢的植物。推荐种植一些拥有美丽叶片的植物，例如铁筷子，其美丽的叶片可以让你在没有花的时候也难以忽略它们，且不会忘记浇水。

门前过道两旁的花坛

要是你家门前的过道两旁有花坛，推荐种一些醒目、特别的植物，让人一眼就能看到。花坛的边饰建议选用形状不规则的天然石材，比起单一的混凝土材质它们更能衬托出植物的美。

以院墙为背景用毛面碎石围搭花坛

光秃秃的院墙周围什么都没有，看上去未免有些乏味。我们可以在其前面用毛面天然碎石围出一个圆，在里面种满植物，打造一个洋气又可爱的小花坛。由于花坛的围石不是固定的，所以可以根据所种植物来调整花坛的大小和高矮。

将小小花池改造成美丽的花坛

在建筑物周围和玄关前经常能看到一些花池，虽然它们本身的材质很普通，但选择适合的植物以及用对种植方法，就能将其改造成华丽的花坛。

植物是否能展现出美感，往往取决于它们的种植场所，所以在挑选植物时一定要考虑到种植场所的风格。

挑选植物时不仅要考虑花的颜色，还要考虑叶片颜色，如果选择得当整个花坛会让人眼前一亮。

使用彩叶植物照亮背阴面花坛

地处全阴或半阴面的花池常年阴暗潮湿，因此急需色彩鲜艳的植物来拯救。想要全年都有花看可能有些困难，但尝试用彩叶植物做主角，可以使花坛长时间维持优美的状态。参照上图，可以用银叶野芝麻与深色叶片的矾根、蛇根泽兰做颜色对比，效果极佳。

将半圆形花坛变得更加艳丽与立体

半圆形的花坛形状特别，虽然乍看上去很难搭配，但其实只要定下主题颜色就非常简单了。例如下图将红色的银莲花和郁金香种在中央，前面搭配深花色、矮株型的角堇和矾根作为收脚，使整体显得张弛有度。

通过巧妙的植物搭配，改造冰冷的花池

玄关前这种典型的方形花池随处可见，将各种植物进行搭配组合，再加上专业的种植方法，平凡的花池也会焕然一新。可以尝试用匍匐性植物来覆盖花坛边饰，以柔化其生硬感。靠近墙壁一侧可以用较高的植物来缓冲石材带来的冰冷感。

不管是阳台，还是露台都能打造花坛

　　无论是在沥青地面上，还是在混凝土地面上，都可以轻松打造美丽的花坛。

　　可以使用成品砖块隔断或者其他隔断用材来围搭花坛。从中选择美观又能衬托植物的样式围搭出目标区域，填入土壤，造型洋气、做法简单的花坛就完成了。

用串联的木栅栏简单地换个造型

　　用家居用品店和园艺店常见的草坪隔断或围栏打造一个小花坛。这样的围栏通常是将仿真树干、碳化杉木用金属丝串联起来，所以只需将它简单围一圈即可，范围可自由调整。如果看腻了旧花坛，也可以用它来换个风格。

将大型轻质的种植箱摆在阳台打造小花坛

　　大多数人认为阳台很难打造花坛，其实我们可以使用大型的轻质种植箱来代替围栏，这样就可以轻松制作出适合阳台的花坛了。一般的陶制种植箱容积越大重量越重，所以我们需要尽可能选择轻质的素材，花坛底部可以围一圈碎石做装饰。

省时省力、不限地点！用砖材轻松围搭花坛

　　使用在建材店或家居用品超市可以轻易买到的成品砖边饰材料。这种建材是户外专用材料，每块由若干大小不一的砖块组合而成。构建一个花坛只需要使用8块左右。将它们进行围搭，10~15分钟就能轻松做成一个完美的花坛了。

打造让人驻足观看的窗边花坛

不知道你有没有留意过自家窗下及其周围的空间，这一圈的面积虽然不大，但手够不着，难以利用，所以基本上每家都是闲置的状态。

其实我们可以反向思考，正因为这里空间狭窄，如果在此处做立体种植，墙壁和窗框就可以作为花坛的一部分了。

小窗台更需要可爱的花草装饰

一般窗台下的区域都会处在建筑物的阴影下，所以很难有效地利用。我们可以在这里种上耐半阴环境的花草和球根植物，将这个空间改造成一个全年花开不断的耐阴植物花坛。在靠近墙壁的一侧种一些较高的植物，让它们与建筑物上青苔的绿色相互映衬，使花坛看起来更大、植物看起来更繁茂。推荐与窗槛花箱一起使用。

窗框上牵引藤本月季，窗台下搭建草本植物花坛

左图乍一看似乎被月季和草花填满了，其实这里的种植区域只有窗下不到2m²的面积。将藤本月季牵引到窗框和立柱上，在靠近窗户的一侧种植较高的植物，例如毛地黄，整体植物高度由远及近逐渐降低，这样视觉上花坛面积会更大。

只需1~2小时!
简易花坛的打造方法

初夏~晚秋

使用市售的边饰建材
轻松打造繁茂花坛

使用毛面碎石合成的成品砖来制作一个简单又时髦的花坛。成品砖的规格需要根据花坛大小来挑选。建议选择亮色、天然质感的款式，会与植物更相称。

观赏时间长，
可从定植一直欣赏到深秋霜冻。
自然风格的边饰，
能将花坛内的植物衬托得更加美丽。

建造花坛

● 所需材料与工具

① 三角锄头　⑤ 缓释肥
② 移植铲　　⑥ 营养土
③ 刮板　　　⑦ 成品砖
④ 腐叶土

开始！

1 将目标区域的杂草和没用的碎石清除，从四周长出来的树枝也要剪断。

2 用三角锄头将土壤深耕10cm左右，把杂草清除干净。

3 将目标区域的土壤用刮板铺平，边边角角都要照顾到。

4 由于砖石大小不一致，所以要从一边开始铺。根据花坛大小灵活挑选砖块。

5 确定好最边缘砖块的位置，以它为起点进行排列。

6 摆好后用土将不稳固的地方固定好，空隙内也可以填一些薄石片。

完成！

POINT　**刮平土壤，填土固定边缘**

放置石块处的土壤要夯实，石块才不会晃动。不稳固的地方可填些土做加固。

备土

开始！

● **所需材料**

70cm×50cm 的花坛大致需要2~3篮土（具体用量可根据花坛的高度和面积调整）。

1 中耕花坛里的土壤，深度为从石块顶端往下20cm左右。

2 用三角锄头将花坛底部的土壤仔细耕好。

3 去除杂草和碎石块等杂物。

4 将腐叶土均匀地撒在土表。

5 均匀撒适量的缓释肥。

6 用三角锄头将土、肥混合均匀，包括石块边缘以及角落位置。

7 铺平土壤。

8 倒入营养土，直至距离石块顶端2~3cm 的位置，并将土搅拌均匀。

9 用刮板刮平土表。

完成！

市售的营养土有含底肥的，也有无底肥的。如果购买了含底肥的营养土，就不需要再加缓释肥了。

11

"植物杀手"也能种好!
简易花坛的季节性植物组合

初秋 ~ 晚秋

将典雅的紫色与粉色作为主色调,打造一个成熟风格的植物组合。
重瓣紫罗兰(A)与千日红(B)花期长;
石竹'戴安娜'(C)和重瓣秋英(D)可为花坛带来秋意;
淡粉色的洋桔梗'雪莉'(E)起衔接作用;
褐色叶片的矾根(F)和甜舌草(G)可以将花坛中的花朵衬托得更迷人。

选择应季草本植物更容易成活

　　小型花坛优点很多,由于面积较小所以不需要准备太多植物。不仅定植工作相对轻松,而且也更容易打造成一座繁花似锦的花坛。那么想要顺利定植和移栽有什么窍门吗?窍门就是要提前准备所需的营养土、工具、小苗(选择应季草本植物更容易成活),并且尽快种植,尽量一次性完成。另外,为了防止买回来的小苗落花,尽量不要破坏根团。

初夏 ~ 秋季

以深粉色为主题,打造风格洋气的花坛。
复色大花型的长春花(H)、粉白色的重瓣秋海棠(I),以及小花型的细叶萼距花(J)花期都较长,可一直开到深秋霜降之前。
紫褐色叶片的鞘蕊花(K)和淡粉色的五星花(L)植株繁茂,向两侧生长。

定植小苗

●所需工具

园艺剪

移栽铲

●植物清单

- H 长春花'涅槃'
- I 秋海棠'路牌'
- J 细叶萼距花'乐园'
- K 鞘蕊花
- L 五星花

小苗数量要按照花坛大小来准备。图示花坛准备了3盆五星花，其余每种植物各2盆。

开始！

1 预设效果。先不要脱盆，直接将苗摆进去看整体效果。

POINT

小苗脱盆后要尽快定植，以防土壤变干损伤植物。

2 摆放完成。首先将体积较大的五星花放在花坛中央和后方，再把矮小却醒目的长春花'涅槃'放在花坛前方两侧，最后用茂盛的秋海棠、彩叶鞘蕊花和小花型细叶萼距花来做衔接和调和。

3 定植。从后侧的角落开始定植，挖出比根团略大的种植穴。

POINT

如果花瓣或叶片受损不管的话，容易引发病虫害。

4 不要破坏根团。

划重点！

5 将根团放进种植穴内，然后把两边的土拨到中间轻轻压实。按照从后向前的顺序定植。

划重点！

6 如果发现花瓣或者叶片有伤，要在定植之前摘掉。

7 所有植物都栽种完成后，用手抚平土表。

POINT

如果定植时就整理出效果，可以让植物尽快呈现出完美状态。

划重点！

8 定植时如有弄伤的叶片，或者太长的枝条，用剪刀将其剪掉。

完成！

9 定植完后浇足水。注意不要淋到花朵上，尽量浇在植株基部。

1小时内即可完工！
简单的花坛改造

用串联型边饰翻新花坛

　　花坛边饰的颜色和质感是决定花坛整体风格的一个关键因素。如果你家花坛的边饰是用黏合剂或泥浆固定的，可能无法频繁地更换，但如果是像第10页所介绍的非固定边饰，就可以轻松翻新了。我们可以选择用钢丝串联而成的仿真木桩、碳化杉木来给小花坛换一个造型。

夏~秋

● 原来围搭花坛使用的材料

　　原花坛的边饰是由风格相近的石块黏合而成的，可直接用来围搭花坛，建材中心等卖场常有销售。

上图是由自然风的毛面石黏合而成的砖制品围搭的简易花坛。主色调是典雅的紫色和粉色，沉稳风格的草本植物与亮色的边饰相互衬托，让花色更加突出。

　　下图的植物组合可供长时间观赏，定植后直到第二年春季都能维持美貌。将砖制品边饰换成自然风仿真木桩，可中和银叶植物带来的突兀感，看上去更协调。

● 材料推荐

　　推荐使用自然做旧风格的仿真木栅栏。由于每一根木桩都由钢丝连接，所以可适用各种形状的花坛。只需简单围起来就可以，新手也能轻松操作。

秋~春

定植小苗

●所需材料与工具

① 三角锄头 ② 移栽铲 ③ 刮板
④ 腐叶土 ⑤ 缓释肥

●植物清单

A 从原花坛挖出来的矾根
B 石松榄叶菊'白金'
C 金鱼草
D 帚石楠
E 银叶菊
F 香雪球
G 角堇
H 筋骨草'迪克西芯片'

开始!

1 花坛中的花谢后,将一年生植物连根拔起,只保留矾根。

2 将剩下的矾根暂时挖出来,然后用沾湿的报纸包裹其根部。

3 将花坛中约2/3的土壤挖出来放入桶里。

4 为了方便拆除原花坛的边饰,先把剩下的土集中到中间,边饰周围尽量别残留土壤。

5 以一个角为起点,开始拆除边饰。

6 所有的边饰拆除后,把散落的土集中起来。

7 将新的边饰围着营养土绕一圈。营养土底部铺有防水膜的话,要将防水膜边缘折起来贴在边饰内侧。

8 将边饰用铁丝固定。如果防水膜边缘高出土面,要将高出的部分用剪刀剪掉。

完成!

9 将第3步取出的土壤倒回花坛,并用三角锄头将土混合、去除里面的杂质,最后用刮板把土弄平整。

科茨沃尔德石花坛
与四季植物

入门级 ~ 进阶级

操作时间
1~1.5小时

初夏

普通秋海棠（A）与夏堇（B）间混合种植长有独特紫色叶片的观叶型秋海棠（C），再插入几株玉簪（D）和铁筷子（E）来补充叶片的不足，整个组合看上去低调、典雅。

发挥出不规则片石的独特风味

　　想建造简约却不乏特色的花坛可以参考这个案例，即便是新手，只要细心操作也可轻松完成。在地面用不规则的天然片石搭出花坛边缘，再用土将石块固定，一个独特的低位花坛就搭好了。

　　推荐使用由天然石材切割出的形态不规则的片石，用于堆砌花坛的边缘。在堆砌之前，需要将地基部分的土壤翻耕3~4cm的深度，去除杂草和石块，铺平地面。

　　固定石块时，可以使用小锤子边敲打边用土壤将石缝填满，这样花坛边缘会更加稳固。

秋

此时的花坛是花叶植物大放异彩的舞台。种植的植物有筋骨草（F）、兰香草'温彻斯特黄金（G）、紫娇花'银色蕾丝'（H）、花叶枰木'残雪'（I）等。

建造花坛

●所需材料与工具

① 科茨沃尔德石
② 三角锄头
③ 小锤子
④ 刮板

选择自然风格的素材

英国科茨沃尔德特有的蜂蜜色的砂岩，无论与日式风格还是欧式风格都很搭。表面的凹凸感是天然石材独有的纹理。

P O I N T

拔净杂草、平整土地

将要铺石块的地方的杂草、碎石等杂物清理干净。如有残留，不仅不能把石块搭好，还可能导致边缘形态倾斜，甚至倒塌。

开始！

1 用三角锄头耕土，翻耕深度为3~4cm。将杂草和碎石清理干净。

2 用刮板刮平土表，角落也不要落下。

3 由于石块大小不一，所以要看好大小从一边开始，一块一块铺。

4 定好边角石块的位置后，摆放第二块石块，将两块石块的边缘稍叠加在一起。

P O I N T

按照石块的形状灵活组合

石块与石块间一定要填实土壤，不规则石块的堆砌需要将边缘完全契合效果才完美。

划重点！

5 要领同上。两块石块之间稍微搭叠，从边缘开始搭第一层，不稳固的地方用土加固。

6 从上方将土壤填入不稳固的地方，用锤子柄轻轻将土壤压实。

7 摆好第一层后，开始摆第二层，注意石块间的接口要与第一层的错开。

8 堆好第二层后用锤子柄轻轻敲打，在晃动的地方塞些土壤填实。

9 摆第三层时要注意整体高度灵活摆放，继续固定。

10 第二层与第三层间的加固工作也不要忘记。

完成！

定植前将土壤耕好，混入一些腐叶土和底肥。

Chapter 2
适合公寓楼和小庭院的花坛

用小花坛为公寓增色

公寓住宅内，能够让园艺爱好者大显身手的舞台就属阳台或者露台了。由于空间有限，环境也往往是特定的，所以要在其中打造花坛必须先观察好环境再着手设计，这样便可以拥有不逊色于地栽环境、时尚美观的植物空间。

运用大型种植箱
仿造花坛

选择两个树脂材质的大型轻质种植箱，排列成 L 形，这样就可以把种植箱仿造成花坛了。在种植箱底部先放上一半以上的珍珠岩再添加种植土，让种植箱不过于沉重，方便移动。地面可以用碎石装饰，墙面可以装上花格架。

运用盆栽进行组合，墙面以花格架装饰

地面上铺设拼接木地板和碎石，在提升美观度的同时，还能消减水泥地的光照反射。将盆器排列组合成花坛的样子，墙面用花格架进行装饰，显得很时髦。花格架可以根据场所面积调整大小和高矮。用扎带固定，取下也很容易。为了确保光照和通风，可利用木箱或长椅来打造高低差。

适合露台或小庭院的花坛

本节将为大家介绍适合玄关前或露台的花坛。这样的花坛在小空间里也可以轻松打造。有的是可移动的小花坛，有的是运用盆器组合而成的花坛，还有的是将盆器与地栽植物组合而成的花坛。无论是运用粗犷的边饰打造出独特的风格，还是将大型盆器仿造出小花坛的效果，只要不拘泥于花坛的定义，都可以打造出前所未有、独具一格的高颜值花坛。

摆放多个大型盆器
伪装成花坛

在露台摆放多个相同材质的大盆器，把它们装扮成花坛的模样。要想伪装成功，秘诀在于选对盆器的材质，统一盆器的大小和颜色，并按照一定的间距或几何图案等进行排列。盆器内种植的植物也要注意挑选渐变色系的。

不限场所、可轻松移动，
你也能轻松拥有专属的花坛

无论是水泥地，还是石板地，都可以在上面打造一座粗犷花坛。只需要在底部铺上防水布，用碎燧石作为砌边，在中间种上植物即可。无论是拆除还是移动都很轻松。除了图示的椭圆形花坛，圆形的小花坛也很容易建造。

将地栽花坛与壁挂花盆并用，让空间变得华丽灿烂

要想让狭小的空间里绽放更多的花朵，不仅要好好利用地栽花坛，在其周围摆放大型盆器，更能让华丽感进一步升级。在墙面挂上壁挂花盆，运用搁板摆放上小型种植箱，空间马上变得立体丰满起来。

在阳台打造花坛的技巧

大家是否会有这样的固定思维：只要在室外，环境都是相同的。事实可能会让你感到意外——公寓的露台、阳台，与庭院里的地栽环境是有着很大区别的。公寓有着独特的环境，需要我们重新认识。只要能充分认识并理解这一点，就能找到应对的策略了。

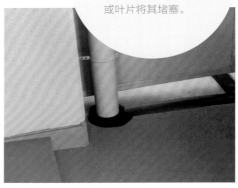

P O I N T

为了确保排水口不被堵塞，可以在其表面铺上网格垫片或碎石等，防止掉落的沙土或叶片将其堵塞。

P O I N T

可以用麻绳等将木质花格架和小型铁丝网格栅栏捆绑固定起来，让冠幅不大的垂吊植物从盆器中溢出，缠绕在格子上。

**确保逃生通道畅通，
选择可拆卸的装饰物**

由于与邻居家之间的隔断将作为紧急逃生通道，就不能在其周围放置沉重或者固定的装饰物了。虽说如此，若该区域空荡荡的也会显得乏味、缺少活力。其实我们可以在隔断上挂上可拆卸、可移动的装饰物，危急时能迅速拆掉。可以使用麻绳等打上活结，将小型的花格架或网格栅栏固定在隔板上。

排水口周边不能残留垃圾

确保排水通畅，是阳台的要事之一。阳台上排水口的设计初衷仅仅是为了排出雨水。这就需要我们定期清扫，防止落叶和掉出的沙土等堵塞排水口。如果排水口被堵塞了，会给邻居们带来不小的麻烦。

与空调外机或热水器和平共处

空调外机或热水器，在露台或阳台上总显得很扎眼。除了加装上外机防护罩让它们不那么显眼外，还可以安装市售的隔板架等，把它们变成装饰的一部分。注意要保障通风口不被遮挡，还要避免热风对植物造成损伤。

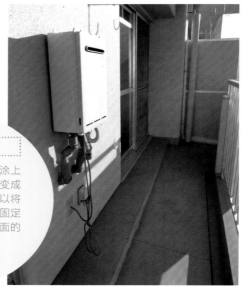

P O I N T

可以将外机防护套涂上漆料，让外机整体变成一个装饰物。还可以将其嵌在隔板架中，固定在墙壁上，作为墙面的装饰。

※如果要在与邻居家之间的隔断前摆放盆器，必须与隔断保持30cm以上的间隔，且另一侧必须保持空旷。

POINT

在铺设榻榻米的日式房间外的阳台上，建议打造日式岩石庭院风格的花坛。如果用盆器培育花木或是果树，也有另一番景致。

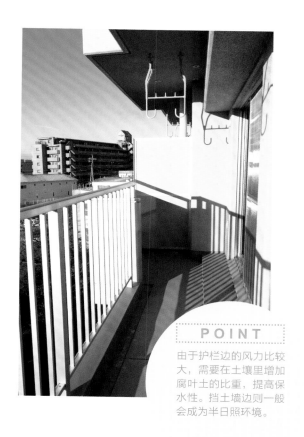

POINT

由于护栏边的风力比较大，需要在土壤里增加腐叶土的比重，提高保水性。挡土墙边则一般会成为半日照环境。

考量好与房间内部的过渡和连接

从公寓的窗户或房间里向外看，往往就能看到阳台。考虑到房间的用途和居住者的生活视野，推荐在阳台上种植能让人心情沉静的植物。例如在日式房间外的阳台上可以摆放一些洋气的盆栽，打造出一个新日式的空间，并把这个空间作为起居室的延伸。

掌握日照和通风的强度

公寓楼的高层总的来说风力较大，常年高楼风不断。如果风力太强，水分蒸发加快，容易造成植物水分散失，进而变得干燥，所以需要注意浇水的时机和频率。另外，护栏边、挡土墙边的通风和日照条件差异也很大。

POINT

摆放垂吊花盆的时候，要把花盆固定在护栏的内侧，这样可以有效减少坠物或滴水对楼下造成的影响。

护栏边要防止高空坠物

在小阳台的护栏上挂上垂吊花盆等盆器，可以有效地利用空间。但是要牢牢固定盆器，防止高空坠物。同时还要注意避免浇水时飞散的水花和盆底滴水等影响到楼下的住户。

POINT

为了不露出水泥地面，铺上木地板可以起到很好的改善作用。

令人意外的知识盲区，地面的热反射和光反射

在公寓，由于水泥地的面积较大，比起地栽环境，热反射和光反射会变得十分强。这是公寓环境的一大特点。知道了这点，在夏天要做好相应的高温应对措施，否则盆器内部温度过高，会使植物枯死。

在阳台上享受花香与绿意，简单又时髦的植物空间

全年

自由组合各类盆栽

在地面铺上防水布后，铺设好拼接木地板和碎石，墙面用花格架遮挡，最后再摆放和悬挂好盆栽，一个简洁又富有设计感的阳台小花坛就打造完成了。因地制宜，自由进行组合。在这个案例里，还加入了橄榄树和草莓。它们不仅叶片翠绿美观，还能让人体验收获的乐趣。

作为一款观叶类果树，橄榄树的人气一直居高不下。将其与圆叶木薄荷等常绿的低矮植物作为主要植物，再加以薰衣草等香草和应季的草莓，打造成全家人都喜爱的小天地。
利用小木箱或挂盆等制造出高低差。

● 植物清单

A 美女樱 B 圆叶木薄荷 C 法国薰衣草 D 牛至'肯特美人'
E 橄榄树 F 大戟 G 木茼蒿 H 花叶欧活血丹 I 穗花婆婆纳

在阳台打造花坛

● 所需材料与工具

可伸缩的菱形花格架（中与大）　　木质花格架（中）

圆形花盆（大）　　　　木箱（小与中）

碎石　　　　盆底垫片　　　适量的拼接木地板

珍珠岩　　　营养土　　　　防草地膜

移栽铲　　　S形挂钩　　　园艺剪　　园艺杂货（装饰用）

● 盆栽

从左至右分别是珍珠吊兰的挂盆、天竺葵盆栽（上）、匍匐性金鱼草盆栽（下）、草莓盆栽、尤加利和花叶素馨的组合盆栽。

开始！

1 清除杂物，并做好打扫工作。丈量需要安装花格架或拼接木地板的区域的尺寸。

2 从最边角的地方开始铺设防草地膜，用剪刀剪出适宜的形状。

3 预留出排水沟的位置，将防草地膜铺满整个地面，并捋平整。

4 把木地板拼接起来。虽然徒手也可以操作，但是为了连接部分的牢固性，需要借助小锤子。

POINT

不需要将木地板铺满整个地面，铺设面积占到总面积的1/2～2/3，会显得更加时尚。

5 固定好可伸缩的花格架和已定型的花格架，需要考量好整体协调和伸展的程度。值得注意的是，如果把可伸缩的花格架横向拉伸，其高度会降低。可利用扎带或绳子等将花格架牢牢地固定在栏杆等处。

POINT

与邻居家之间的边界处是紧急逃生隔板，为了确保随时都能应对紧急情况，最好把可伸缩菱形花格架的一侧用扎带或绳子固定，另一侧使其可以随时灵活打开。将可伸缩花格架捆绑固定在木质花格架上，会很稳固。

6 圆形花盆将是各种植物们共同的家。先往盆里倒入珍珠岩，直到整个盆子深度的1/3。最后倒入营养土，直到土表与盆顶的距离刚好可以摆上花苗。

7 在圆形花盆的侧后方种下橄榄树苗，立上支柱，用绳子等将树苗松松地捆绑在支柱上（捆绑两三处），做好牵引。

8 在确保整体协调的前提下，在花盆中央和后方种上灌木和其他有一定高度的花苗。随后，从后往前依次种上余下的花苗，注意栽种时不需要松土，保持根团的原样即可。

划重点！

POINT

在花盆前方种下株型较低矮的花苗或具有匍匐性的植物。花色宜选用粉红色、紫色等，控制在一两种花色为好。活用花叶品种将为作品锦上添花。

完成！

9 在未铺设木地板的区域填上碎石。根据喜好放上装饰用的瓦片，效果也很好。

10 把吊盆用S形挂钩挂在定型的木质花格架上。如果挂在可伸缩花格架上，容易下垂变形，需要留意。

在木箱上摆放好盆栽，并为其浇透水就大功告成了。注意要从植株基部浇水。

适用于少光阳台的
简易耐阴花坛

入门级～进阶级
操作时间
1.5～3小时

全年

常绿灌木与彩叶植物
组合成一整年都美观的空间

树脂材料制成的轻质种植箱的种植空间与小型花坛不相上下，在紧急时刻还能移动，很适合阳台。本节介绍的植物，非常适合种植在墙壁内侧等日照不良的场所。选用常绿灌木、彩叶植物和多季节开花的多年生草本植物等，可以打造一座一整年都美观的花坛。还可运用花格架或碎石等装饰花坛周边。

以花叶红淡比、红花檵木、蓼等具有耐阴性、叶片美观的常绿灌木为主角，再搭配以种植在半阴环境下也能生长良好的植物，如玉簪、鸢尾、耧斗菜、矾根、扶芳藤等，还有其他彩叶植物和可四季开花的植物，打造出一座全年可赏的花坛。

在阳台打造花坛

● 所需材料与工具

移栽铲

园艺剪

S形挂钩

防草地膜

种植箱（中与大）

花盆

盆底垫片

珍珠岩

营养土

铁艺花格架（小）

3款不同的碎石

木质花格架（大与中）

● 植物清单

Ⓐ 木藜芦 Ⓑ 红花檵木
Ⓒ 蓼 Ⓓ 花叶红淡比
Ⓔ 耧斗菜 Ⓕ 鸢尾
Ⓖ 扶芳藤 Ⓗ 蔓长春花
Ⓘ 玉簪 Ⓙ 金丝桃
Ⓚ 裸菀 Ⓛ 矾根

开始!

1 清除杂物,并做好打扫工作。丈量需要安装花格架等区域的尺寸。

2 从最边角的地方开始铺设防草地膜,用剪刀剪出适宜的形状。

3 将防草地膜铺满整个地面,并抚平整,不要出现气泡。

4 用扎带或绳子将花格架固定在栏杆等处。

POINT

固定时,要将花格架稍微架高一点,与防草地膜间留出一定的间隙。花格架如果直接接触到防草地膜,会吸收水分,导致腐化损坏。

5 把铁艺花格架捆绑在两片木质花格架之间,一侧安装在逃生隔板上。

POINT

与邻居家之间的隔断是逃生隔板,必须要时刻确保这个逃生通道的畅通。装饰在这个位置的木质隔板,要保持一侧可随时打开的状态,固定的一侧则捆绑在铁艺花格架上,既稳固又容易固定。

6 将种植箱排列成L形。把木藜芦种植到花盆里,摆放在种植箱与逃生隔板之间的空隙中。

7 在两个种植箱里倒入珍珠岩,深度约为种植箱的1/2。

8 倒入营养土,直到土表与种植箱顶端的距离刚好可以摆上花苗。

9 无须脱盆,直接在种植箱里摆上花苗,确认整体的效果。

10 这是摆放完成后的样子。低矮树木或有一定高度的花苗摆放在后面,株型比较低矮的花苗放置在前面。注意将叶片颜色深浅不同的植株错开,以制造明暗交替的效果。

11 从最内侧开始定植。挖出比花苗根团大一圈的种植穴。花苗直接脱盆之后要尽快种下,将周围的营养土归拢到植株基部,与根系紧密接触,不需要弄散根团。

12 把碎石条摆放在种植箱之间形成的直角处,呈现斜纹效果。以两款不同的碎石条进行搭配,效果会更好。

种植箱和碎石条之间,再摆放些碎石块。最后给植株浇透水就制作完成了。浇水要从植株基部浇灌。

完成!

用碎石搭建而成的简易花坛

入门级
~进阶级
操作时间
1.5~3小时

夏~秋

以碎燧石围建而成的花坛里，具有自然趣味的秋季花朵随风摆动。
以紫叶、紫花作为亮点，张弛有度，给人以时尚雅致的印象。

可以搭建成任意大小的花坛，新手也能迅速打造

碎燧石具有自然的魅力，无论是日式庭院还是欧式庭院皆可搭配。用不规则的石块作为花坛的边饰，不仅可以围建成任意的大小，还能随意移动，即使新手也可以打造出极具品位的作品。灵活组合大小石块，左右交错搭砌，这样就可以搭得既稳固又美观了。

建造花坛

●所需材料与工具

① 剪刀
② 刮板
③ 移植铲
④ 碎燧石
⑤ 防草地膜
⑥ 营养土

开始！

1 将防草地膜裁切成约1㎡的椭圆形。

2 剪好后，铺设在花坛的预设区域。

3 将碎石的角朝上摆放，不同大小交错搭配。

4 围绕防草地膜的边缘，堆砌石块。

5 环绕防草地膜的边缘摆放一圈碎石块，边饰就完成了。

6 倒入营养土。

7 碎石边缘也要倒入营养土，使两者充分地结合。

8 将土壤在花坛中央堆隆起，形成向四周倾斜的和缓曲面，就像倒扣的碗。石缝之间也要塞满土。

9 用刮板把土堆刮平。

营养土的用量依照建好的花坛大小增减。土面要低于花坛边缘2~3cm。

种植花草

●所需材料与工具

桶铲
移植铲
腐叶土

●植物清单

A 山梗菜 B 千日红
C 金丝桃 D 莲子草
E 南非毛地黄
F 金鸡菊

划重点！

POINT

根据植物的高矮合理搭配

具有一定高度的南非毛地黄和山梗菜种植在花坛后方，其前方可以种植千日红和狼尾草，靠近花坛边饰的地方则种上莲子草，充分利用其向四周伸展生长的特性。

开始！

1 先直接摆放上花苗，预设好栽种位置。随后，从最里侧开始栽种，挖出比根团稍大的种植穴。

2 花苗脱盆，无须打散根系。

3 花坛边缘也要充分地填满土壤，这样种植的花苗就不容易松动。

完成！

4 种植结束后，如果发现花坛的前方还留有空缺，可以再添加些碎石。

5 在石头之间的空隙填满土壤，从上往下压实，以起到固定的作用。

6 植株的基部要覆盖腐叶土以起到护根作用。

7 考量整体效果，对花苗的位置或碎石的排列摆放方式进行微调。

从植株基部浇透水。

Chapter 3
半阴处、坡地、花坛
边界的美化小创意

美化花坛的边界和与地面的连接处

费尽了心思，辛苦打造了一座绝妙的花坛，如果周围太单调，花坛的魅力就很可能直接减半了。越是狭小的场地，越要让花坛周围的空间也同样美丽。

如果在花坛的边缘或与地面连接处种植上地被植物，就相当于又多建了一个小花坛，整体的华丽感就升级了。

**预留下方的细长空间，
制造出另一个小花坛**

用石块堆砌起来的花坛下方，预留出一块细长的种植空间，就成了另一座小花坛了。如果将上方和下方花坛的植物生长朝向处理得协调一致，便可以在一高一低之间同时欣赏到两处的景致了。注意下方花坛内种植的植物，不要超过上方花坛的边饰高度，这样才会显得更和谐。

**低矮花坛的外侧，
用叶片多彩的景天属植物添彩**

这是一座用一层石块围建而成的简易花坛。在这座花坛的外侧，留有约15cm 宽的种植区域，可在这里种下叶色各异的景天属植物作为地被植物。在地被植物的外侧铺上小卵石，整体就显得更时尚了。花坛里的长春花、猫须草和彩叶草等，在从夏天到秋天这一段很长的时间里，会开出白色的小花，与清爽的绿色搭配起来，形成一幅美好的画卷。

**在花坛的上面叠加高脚盆器制造层次感，
边饰周边种上地被植物**

在用砖头围建起来的花坛上，叠加高脚盆器，打造出一座两层的花坛，如此一来，小花坛就显得更加华丽了。花坛边界留出10cm 左右宽的细长种植区，种上一圈彩叶植物筋骨草来装饰花坛四周。到了春季每层花坛都是亮点，令人目不暇接。

在花园小径与通道建造花坛

　　无论是怎样的场地，只要花了心思，都能建造花坛。如果庭院空间有限，那么哪怕再小的一块地也不能浪费，种植上适合的植物吧。花园小径若是用石板作为踏板的话，就把石板缝隙都当作花坛，用低矮茂密的花草装点，也是非常不错的。若是玄关前的通道，则用碎石围建成一个简易花坛，与盆器进行组合，让整个空间变得更加华丽。

让天然石踏板周围都变身成为花坛，
打造鲜花盛开的花园小径

　　由于是小庭院，只能修建狭窄的小径，很容易给人以逼仄的印象。摆放上略大的石踏板，在其周围栽种低矮的花草或观叶类的地被植物，小径的周围整体就变身成为鲜花怒放的花坛了。随着季节更迭及时更换花草，每天踩在石踏板上的心情都是轻松愉悦的。

沿着通道建造可以自由变形的花坛，
运用盆器让华丽感升级

　　这是一个小创意，在狭窄通道也可以打造出鲜花盛开的花坛。运用碎石围建花坛，即使在沿着通道旁的细长空间里，也可以打造出效果。建议不要围建成直线型的，运用自然的曲线，会显得更美观。再摆放上大的盆器进行组合，无论是季节感还是华丽感，都会增加不少。

把踏板石周围和花园小径的旁侧空间变成花坛

　　如果在小庭院的墙边修建花园小径，往往会让庭院显得逼仄。在这种情况下，可以只设置小平台和踏板石，把踏板石周围和花园小径的侧边空间变成花坛，这样就能获得更宽广的种植空间了。首先在墙角摆放上花盆，然后在墙面牵引上藤本月季，最后再摆放上长椅，花园焦点就大功告成了。

在有高低落差的场地打造花坛

你是否有这样的固定思维：只有在平整的地方才能建造花坛。实则不然，即使在有高低落差或是有坡度的场地，只要种植方式和资材选对了，一样可以打造鲜花盛开的花坛。

在有倾斜度的场地，需要种植根系发达的地被植物，以起到固土的作用。

种植根系发达的玉簪与洋水仙等
多年生草本植物起到固土作用

倾斜度缓和的半阴花坛，可以在多处分散种植玉簪或铁筷子等根系发达的多年生草本植物，以起到固土的作用。另外，如果要进一步增强防止水土流失效果的话，还可以组合栽种四季常青的匍匐筋骨草等地被植物。

树荫下的坡地花坛，在叶色与叶形上下功夫

大树底下由于较阴暗，很容易给人留下单调的印象。如果在这里种下花叶品种或黄绿色系、铜红色系的彩叶植物的话，就会变得明亮多彩。根系发达的观赏草或铁筷子也很适合树荫下的坡地。

利用观赏草或多年生草本植物为有落差的场地固土

要在有落差的场地建造花坛，可以在地面四处种植金钱蒲作为地被植物，不仅可以欣赏其美观的叶片，还能起到固土的作用。如果再种下玉簪或洋水仙等可以多年放任不管、根系又发达的植物，防止水土流失的效果就更好了。在预设成为花园焦点的地方，可以种下三色堇等一年生草本植物或花后拔除的郁金香。

即使是斜坡，也绝不让土面裸露的小技巧

无论是有斜坡的花坛、花园小径，还是台阶之间或花坛与花园小径之间的空隙等地，都要用美丽的植物覆盖地面，尽量不让土面裸露出来。

在这种环境下，我们可以灵活运用适宜在斜坡生长的耐旱植物、地被植物等。此外，还可以搭配碎石或盆器等，这样就可以轻松地打造一个美丽怡人的空间了。

有落差的台阶
用地被植物与碎石装饰，显得更自然

台阶与花坛的连接部位，为了起到固土的作用，种植了筋骨草、金圆叶过路黄、地被婆婆纳'蓝佐治亚'等地被植物。在台阶和地被植物之间随意地摆放上碎石，使过渡变得很自然，美感也提升了。地被植物适合选择叶色差异较大的进行组合，这样可以互相衬托，显得更美观。

运用大型盆器与碎石
将台阶与斜坡花坛连接起来

在台阶旁有一个斜坡花坛，在这两处之间的空隙里，种植了千叶兰、铺地柏、金圆叶过路黄等耐旱的地被植物。过于倾斜的部分就不要勉强种植花草了，摆放上一块大石头作为底座，在上面放上杯形盆器是一个不错的方法。在石头底座周围随意摆放一些碎石，营造出自然的氛围。

把耐旱植物、根系发达的植物和碎石等
有效地配置在花坛边界旁

在花坛的边缘处分散种植阔叶山麦冬、扁穗沿阶草'黑龙'等根系发达的多年生草本植物，也可以起到固土的作用。坡地的水分比较容易流失，因此还可以在此处种植矾根等耐旱的植物。为了更好地衔接与花坛边饰的高低落差，可以摆放上碎石进行装饰。在两者空隙之间种植地被植物筋骨草来填补空缺。

半阴环境下的花坛
也能出彩

在日照条件不太理想的场所，首先要挑选具有耐阴性的植物，这是非常重要的。虽然比起向阳处，花的种类选择少了许多，但是如果选对了彩叶植物，一样能拥有一个色彩斑斓的空间。

选择具有耐阴性的植物，灵活运用花叶品种

八角金盘或桃叶珊瑚等具有耐阴性的植物，非常适合半阴花坛。选择花叶八角金盘，能让阴暗的树荫下也明亮起来。作为背景的墙壁适宜刷成米白色，打造出一个树荫下的小花坛。作为点睛之笔的盆器，无论什么材质，只要选择白色系，都能很好地搭配起来，产生统一感。

将墙面处理成白色，以花叶植物和具有金属光泽叶片的植物作为点睛之笔

如果半阴角落有背景墙的话，其颜色要果断处理成白色或米色系。白色背景可以很好地反射光线，让前景的花坛整体都显得明亮。花叶木藜芦或花叶八角金盘等明亮的叶片，和剑麻、矾根等拥有金属质感的铜红色叶片进行对比，打造出一个时尚又大气的花坛。

把半阴的斜坡全部打造成彩叶植物花坛

拥有明亮的黄绿色叶片的蓝雪花、薹草、金丝桃、花叶木藜芦等耐阴的彩叶植物，让半阴的斜坡看上去鲜艳明亮。可以种植上拥有优雅铜红色叶片的矾根或有着美丽紫红色的花叶筋骨草、临时救等地被植物，作为点睛之笔。

让半阴花坛与台阶之间
充分融合过渡

　　虾脊兰与花叶野芝麻，再加上蓝花婆婆纳进行组合，给人以明亮的西洋风印象。虾脊兰耐阴，是适合地栽的不可多得的一种兰花。选择黄色系的花朵，就显得更加鲜亮了。花坛与台阶之间的空间种植上金钱蒲或铁筷子，再用碎石填充空隙，两者之间的过渡就显得非常自然了。

适合树荫下坡地的
铁筷子与三色堇花坛

　　铁筷子具有耐阴性，也喜好排水良好的环境，非常适合树荫下的坡地。在其基部周围种植耐阴的三色堇，即使是半阴环境，一样能拥有鲜花盛开的花坛。与花叶福禄考等花叶植物进行搭配，会显得更明亮。

在半阴处也能
长时间维持美貌的
观赏草与彩叶植物花坛

　　这座岩石风格的花坛，在用碎石与沙子铺就的种植区域里，种植上彩叶植物作为点睛之笔。由于在沙石下铺设了防草地膜，因此花坛可以长时间维持较好的状态。推荐种植过路黄或矾根这类既耐旱又叶色明亮的彩叶植物。加入的观赏草成为焦点，随风摇曳的姿态，赋予花坛生动鲜活的表情。

在台阶边打造
半阴花坛

　　这是一座在半阴的花园小径边打造的小花坛。冬季，落霜红结出鲜红的果实，十分惹眼。深铜红色的南天竹与明亮的花叶筋骨草形成鲜明的色彩对比。在台阶之间种植沿阶草和大灰藓等地被植物，营造出安详沉稳的氛围。

多年生草本植物打造的半阴小花坛

晚秋~初夏

多年生草本植物与一年生草本植物和谐共存

　　将多年生草本植物和一年生草本植物和谐地种植在一起，并管理好这样一座花坛，是园丁们的一大追求。定植后，如果想既培育好多年生草本植物，又管理好花坛，那么，在春、秋季进行的植株替换与养护工作是必不可少的。在本节里，还将介绍"一年之计在于秋"的概念，这是一个非常重要的管理要点，希望大家熟悉掌握。如果花坛位于半阴环境下，选择耐阴的植物是很重要的。

　　以燧石围建而成的花坛里，蓼'银龙'（H）与矾根（I）、泽兰'巧克力'（J）雅致的紫色叶片作为底色，与毛地黄'银狐'（B）的白色花朵互相衬托。婆婆纳'阿兹特克黄金'（E）的明亮叶色成为点睛之笔。具有自然趣味的秋季花朵随风摆动。整个花坛以紫叶、白花作为亮点，张弛有度，给人以时尚雅致的印象。

建造花坛

●所需材料与工具

① 园艺剪刀　② 移植铲　③ 刮板　④ 铁锹
⑤ 腐叶土　⑥ 缓释肥

开始！

1 这是深秋时节花谢后的状态。此时，一年生草本植物已经完全枯萎，整体的姿态很杂乱。

2 泽兰等多年生草本植物还可以留下来继续栽培。将植株基部留下1~2cm长，余下的用剪刀剪除。

POINT

划重点!

确认好植株基部的新芽

11—12月，植株基部会开始萌发来年的新芽。确认好新芽的位置再强剪，就不容易误伤无辜了。

3 同样地，其他多年生草本植物，在花期结束后，都要进行强剪。

4 地面上积存了不少落叶和枯茎，如果放任不管，会滋生病虫害，需要及时清理。

5 矾根、筋骨草这些常绿的多年生草本植物，需要从基部清除枯萎的花剑和茎叶。

6 将花谢后的多年生草本植物受损的叶片和茎干清除干净，这样，就能形成常绿的基调了。

7 覆盖上腐叶土，遮挡住土壤裸露的地方。

8 撒上适量的缓释肥。

9 避开留存植株的新芽，用三角锄头将缓释肥、腐叶土与原来的土充分地搅拌混合均匀。

10 表面的土壤用手按压平整。

完成！

在强剪后的植株边插上标签牌，这样，补种新植物的时候就不会忘记它们的位置了。花坛里的土表要低于花坛边缘2~3cm。

开始！

种植草花

● 所需工具

移植铲

● 植物清单

Ⓐ 银莲花'极光' Ⓑ 毛地黄'银狐' Ⓒ 小二仙草
Ⓓ 蝇子草 Ⓔ 婆婆纳'阿兹特克黄金' Ⓕ 加拿大堇菜
Ⓖ 毛地黄钓钟柳'豆荚红'

1 不脱盆直接摆上花苗，以便于确认花苗的定植位置。后方摆放株型较高的植物，前方则是较低矮或是垂吊型的植物。调整花苗的位置，直到整体协调。

2 从后方开始定植。脱盆，不需要打散根系。

3 挖出一个比根团大一些的种植穴。

4 把土壤聚拢到植株基部，轻轻压实，使土壤与根系紧密结合。

完成！

从植株基部浇水。

把窗台下的死角
变成鲜花盛开的花坛

晚秋~初夏

窗台下的死角大多处于背阴面，推荐种植耐阴、容易开花的植物

窗台下虽然是比较显眼的地方，但是由于很容易成为建筑物的背阴面，所以往往会变成一个死角。如果选择像角堇这样具有耐阴性，且容易开花的一年生草本植物，就能轻易打造一座花开不断的花坛了。此外，这个位置往往因为建筑物的关系不容易淋到雨水，如果忘了浇水就很容易干燥，建议避开喜湿的植物。

粉色系的角堇（A）与郁金香（C1、C2）形成一幅美妙和谐的画面。初夏开花的老鹳草（H）、距缬草（E）的叶丛浓密丰满。

建造花坛

●所需材料与工具

① 移植铲　② 刮板　③ 铁锹
④ 腐叶土　⑤ 缓释肥

1 深秋时节，夏季的花已经凋谢，将一年生草本植物彻底拔除，花期结束的多年生草本植物，则需要留下基部以上1~2cm的部分，剩余的部分剪除。

划重点！

2 只要是温暖地带，大丽花都能壮实起来顺利越冬。需要起球的球根则要挖起来。10月下旬开始，洋水仙会苏醒发芽，请尽量不要伤到它们的嫩叶。

POINT
可以留下的植物与需要挖起的植物

大丽花的球根经霜打后会受损，在11月左右就需要挖起来，移栽到花盆里并搬到温暖的地方进行管理。像洋水仙和天竺葵这样可以放任不管的植物，可继续留在花坛里。

3 不需要在春季花坛使用的过路黄可以挖起来移栽到花盆里。清理剩余植物受损的茎叶。

4 土面裸露的地方要铺上腐叶土。由于比较容易干燥，需要铺得厚一些。

5 撒上适量的缓释肥。

6 避开余下植株的新芽，用铁锹将表面的土、缓释肥和腐叶土充分拌匀。

7 土表用刮板抹平整。

划重点！

POINT

确认好月季的植株基部并清理整洁

如果周边栽种有月季，需要确认植株基部是否有病虫害，并将枯叶等杂物清理干净。注意不要让月季的植株基部被土埋住。

种植花草

● **所需工具**

移植铲

● **植物清单**

A 三色堇
B 柳穿鱼
C 毛地黄
D 楼斗菜
E 距缬草
F 蓝盆花

G 郁金香（两个品种）
G1 郁金香'可爱公主'
G2 郁金香'西蒙王朝'

开始！

1 定植前，不脱盆将花苗摆放在花坛里，以预设定植的位置。花坛后方摆放有一定高度的植物，前方摆放低矮和容易向四面扩张生长的植物。

2 按照从后到前的顺序定植。脱盆，挖出比根团大一圈的种植穴。

3 多年生草本植物无须打散根系。从四周把土聚拢到植株基部，轻轻压实，使土壤与根系紧密结合。

4 在花坛前方种下低矮的草花。像三色堇这类根系会充满整个营养钵的植物，可以稍微打散一部分根系再种植。

5 把握好整体的协调感，把所有的花苗都种下。

6 在花坛的中央栽种郁金香。栽种前，在土面摆放种球，预设好栽种位置，使郁金香开花的时候能形成带状。如果随意栽种，会营造出自然的氛围。

7 挖出种球高度2倍深的种植穴，摆放好种球，使其朝向一致。

覆土，用手轻轻压实。种植完成后从植株基部浇透水即可。

迷你型的
时尚岩石花园

入门级
~进阶级
操作时间
1.5~3小时

全年

改造斜坡地和容易干燥的树荫环境

　　如果是不适合种植草花的树荫下或坡地，就不要勉强种植了，尝试改造成一座岩石花园吧！这样全年都能欣赏到美丽的彩叶植物了。它们无须过多的养护，便可以长时间维持美丽的叶色。把常绿植物作为中心，将叶色、叶形各异的植物进行组合的话，可以互相衬托。在大石头的旁边种上细叶植物，很容易制造出和谐美观的效果。

这座岩石花园，把可终年观叶的矾根（C、D、E）和景天（F、G、H）、千叶兰（A）等种植在岩石和沙子之间。

建造花坛

●所需材料与工具

① 三角锄头
② 刮板
③ 铺面石（苏格兰小鹅卵石1袋。规格：直径20~40mm，每袋25kg。每平方米大约需要2.2袋，厚度40mm。）
④ 碎燧石

1 这是一个不管种植什么都不好看的斜坡树荫地。先把杂草的根系和瓦砾清理干净。

2 用手把石块周边凸起的土面抚平，整理成容易种植的状态。

划重点！

POINT

刮板和三角锄头十分方便

刮板是平整土地的利器。三角锄头的尖头可以灵活应对花坛边饰和石块边缘处，方便耕种。翻耕深度约20cm，然后用刮板把土表刮平整。

如果有原有植物的落叶和枯萎的部分，要清理干净。

种植花草

● 所需材料与工具

移植铲

● 植物清单

A 千叶兰'霓虹'
B 景天'安德森'
C 矾根'蜜桃派'
D 矾根'糖霜'
E 矾根'绿色香料'

F 黄金佛甲草
G 小球玫瑰锦
H 黄金万年草

1 不脱盆直接摆放植株，以确定栽种位置，注意考虑色彩搭配。相邻的两处要使形态、颜色各异的植物更容易出彩。

←40～50 cm→

2 用移植铲挖出一个比根团大一圈的种植穴。

3 脱盆，无须打散根系直接种植，把周边的土拨拢到植株基部压实。

POINT

注意石块之间的缝隙

在石缝之间，很容易使植株根系与土壤间产生空隙，导致植株生长受阻。为了避免这种情况的发生，要在石缝中填入土壤并压实，使土与根系充分结合。

4 定植完成后，摆放碎石。

5 在碎石与植物之间均匀地铺上一层铺面石。

划重点！

POINT

靠近花坛边饰的地方，铺面石很容易溢出，这时只需略微降低花坛边饰旁土表的高度即可。

花苗周围的铺面石用手整理，注意整体的协调。最后从植株基部浇透水就完成了。

Chapter 4
小 花 坛 的 植 物
替 换 技 巧

将玄关前的花池
改造成可爱的花坛

入门级
~进阶级
操作时间
1~2小时

只需简单调整，
就能让随处可见的花池大变样

大多数家庭玄关前都有花池，很多人对它的用途和规划并不明确，通常随意塞进一些植物了事，其中杜鹃属植物和针叶植物是最常使用的。玄关是房屋的门面位置，需要花点心思扮靓它，可以尝试将它改造成一个四季花开不断的花坛。下面为你推荐一个容易上手、维护成本低的植物组合。深秋开始种植，可以一直维持到来年春季。

晚秋~春季

柔美的奶油色郁金香（E）做主角，左图是它春季盛开时的样子。
典雅的暗紫色金鱼草（J），将亮黄色的三色堇（K）和银叶菊（H）衬托得更加迷人。

建造花坛

开始！

●所需材料与工具

① 移植铲　　② 刮板　　③ 铁锹　　④ 腐叶土
⑤ 缓释肥

1 这是一个玄关前很常见的花池。夏季种植的一年生草本植物已经枯萎，里面还长有很多杂草，朱蕉和头花蓼在杂草间顽强地生存着。

2 首先需要将杂草连根拔起。如果根部留在土壤里，很快又会长出来，一定要注意。

3 将朱蕉用铁锹挖出来，移栽到花盆里。操作时注意距植株一定距离，沿着植株四周挖一圈，尽量不要伤及根系。

4 把头花蓼挖出来，暂时种在花盆里，移栽完成后剪掉枝条长度的1/2，这样植株不容易受伤害。

5 用铁锹耕土，需要翻耕到30cm左右的深度。

6 将土壤中的根、石块、杂草清理干净。

7 在土壤表面均匀地撒上一层腐叶土，要求完全覆盖住原土壤。

8 撒上适量的缓释肥。

9 用铁锹再耕一遍土，使肥料、腐叶土与原土壤充分混合。

完成！

用刮板将土壤轻轻压平，使土表整体低于边饰2~3cm。

种植花草

● 所需工具

移植铲

● 植物清单

A 大花三色堇'巧克力糖霜'
B 假匹菊'非洲之眼'
C 临时救'流星'
D 香雪球'寒冷的夜晚' E 郁金香'丝绸之路' F 金鱼草
G 紫罗兰 H 银叶菊'银色蕾丝' I 薹草'詹内客'
J 铜叶金鱼草 K 三色堇

开始！

划重点！

1 将买回来的盆栽苗直接放入花坛确定好栽种位置。后方放高一些的植物，前方放较低矮或者枝条柔软下垂的植物。

POINT

**从正面看
植株整体呈"山"字形**

玄关前花坛的观赏视线一般是由前至后，所以可以将靠墙一侧的中央设为植物整体的最高点，从最高点向左右两侧逐渐降低植株高度，做成一个"山"字的形状。

2 定植时要先种后方的植物，从后向前种植。将植物脱盆，然后在目标位置挖一个比根团稍大点的种植穴。

3 将植株周围的土聚拢到基部，然后轻轻压实，让根能更好地与土壤结合。

4 在花坛中央规划出一条与花坛边缘平行的郁金香种植带，在种植带上均匀地放置10颗种球。

5 挖出种球高度2倍深的种植穴，将其种下。注意要统一种球的朝向，这样在花期才会开得整齐。

往定植好的植株基部浇足水，然后就等植物慢慢扎根了。

完成！

郁金香花谢后
如何填补它的空缺

春季~初夏

开败的郁金香一定让很多新手头疼，其实只需将它替换掉就能让花坛的美貌维持到初夏

郁金香是春季花坛中不可缺少的植物，但开败的郁金香也是很多新手的一大烦恼。它们周围的其他植物只需要稍微打理下就可以开到初夏，所以这时我们需要狠下心把郁金香拔掉，种上其他植物填补空位。替换的植物需要选择有一定高度和体积的，这样才能更好地与其他植物融为一体。

在郁金香的空位种上迷迭香叶米花菊（ A ）、牛至'肯特美人'（ B ）。如果看上去不协调，可以将原有的假匹菊（ C ）移动几株。

建造花坛

开始！ 春

1 春季花坛中的郁金香逐渐凋零，假匹菊和三色堇已经徒长，各种植物株型散乱。

●所需工具

① 园艺剪刀　② 移植铲　③ 刮板　④ 三角锄头
⑤ 腐叶土　⑥ 缓释肥

2 郁金香花谢后将其连球根一同拔起。

3 把所有郁金香都拔出来。拔的时候注意不要伤及其他植物的根。不容易拔时，可以用手按住周围的土壤慢慢拔。

4 花谢后的紫罗兰也要连根拔除。

5 将徒长的银叶菊修剪掉1/3左右，恢复原来的紧凑株型。

划重点!

POINT

**植株基部的枯叶
是产生病虫害的原因**

银叶菊基部的叶片如受高温侵害，容易导致植株受损甚至整体枯萎。在气温较低的冬季到春季没太大问题，一旦温度升高，伤害会更加严重，所以一定要提早预防。

6 植物基部如果有枯萎或受损的叶片，要将其摘干净。这项工作要在气温升高前做好。

7 假匹菊的花瓣在花朵开败后光秃秃的，看上去非常有损美观，可以用剪刀将残花连花茎一起剪掉。

8 随着气温升高，三色堇和角堇的茎会变长，需要修剪整体高度的1/3~1/2以维持完美株型。

POINT

**移动原有植株
维持花坛植物平衡**

想要通过更换植物这种最简单的方法来改变花坛景色，首先要将花坛内现有的植物统一。这时与其随意增加新的植物，不如将原有的植物稍做移动来平衡整体景致。

划重点!

9 调节植株的整体高度。想要将植物轮廓打造成"山"字形，就需要将原本种植在前方的假匹菊放于中后方的位置。

10 将长出花坛边缘的临时救'流星'枝条修一修。在叶片上方修剪会让切口不那么明显。

完成！

该拔掉的植株已拔干净，受伤、徒长和杂乱的植株也都进行了修剪，还将部分植株调整了位置。最后效果如图。

种植花草

● **所需工具**

移植铲

● **植物清单**

A 迷迭香叶米花菊
B 牛至'肯特美人'

开始！

划重点!

1 暂时放置看效果。后方放迷迭香叶米花菊，前方放较低矮的牛至'肯特美人'。

POINT

按三角形种植植物

花坛内植物横向整体按照"山"字形种植，纵向需要后方高前方低，所以需要将后添置的迷迭香叶米花菊和牛至'肯特美人'按三角形种植。

2 中央左右两侧的空位留给牛至'肯特美人'。

3 从后向前种植。将植物从营养钵内取出，挖一个比根团大一圈的种植穴。

4 种植时不要弄散根团。把土从两侧向中间集中，并轻压植株基部，使根部与土壤更好地结合。

花坛前方种植较低矮的牛至，定植后记得往基部浇充足的水。

完成！

夏秋季花坛的移栽大法

入门级
~进阶级
操作时间
1.5~3小时

春季~初夏

拔掉春季种植的郁金香，在空位种上迷迭香叶米花菊（**F**）、牛至'肯特美人'（**G**）。

将前一年晚秋至春季存在于花坛内的金鱼草（**H**）、薹草'詹内客'（**I**）、假匹菊（**J**）、三色堇（**K**）、角堇（**L**）拔掉，替换成百日菊（**A**）、狗面花（**B**）、天人菊（**C**）、大戟（**D**）、辣椒（**E**）等充满活力与朝气、花色鲜艳、能长期开放的草花。

在初夏时节高效地更换植物
让花坛的美貌持续到秋季

　　盛夏到初秋这段高温时期，大部分植物花量都变少了，对于草本植物来说也是一段非常难熬的时期。为了使盛夏的花坛更加繁盛，需要在植物比较容易扎根的初夏替换掉一些。可将去年秋季到今年春季装点花坛的一年生草本植物，替换成初夏到秋季开花的植物。不要错过这段时期，选择耐热且花期长的品种，打造一个低维护的花坛。

初夏~秋季

建造花坛

●所需工具

开始！

① 园艺剪刀　② 移植铲　③ 刮板　④ 三角锄头
⑤ 腐叶土　⑥ 缓释肥

1 假匹菊、三色堇、角堇、金鱼草花谢后开始徒长，株型杂乱。

2 铜叶金鱼草可以作为彩叶植物留下，需要稍做修剪：剪掉残花和1/2的花茎。

3 将银叶菊、三色堇、角堇、金鱼草（黄花）连根拔出。

4 拔掉的植株清理好。拔的时候注意不要伤及其他植物的根。不容易拔时，可以用手按住周围的土壤慢慢拔。

5 将徒长的报春花科植物整体修剪1/3左右，修整株型。

P O I N T

将留下的彩叶植物进行修剪

花谢后的香雪球可以当作彩叶植物继续展示它的美，不过在此之前需要简单修剪下：摘掉残花，修剪1/3左右。

6 迷迭香叶米花菊要在花谢后及时修剪残花，不然容易被梅雨所伤，导致霉菌的滋生。

7 在能看到土壤的地方均匀地撒一层腐叶土，要求完全盖住原土。

8 撒适量的缓释肥。

9 用锄头浅耕，让土壤与肥料充分的混合，注意不要伤及剩下植物的根。

完成！

用刮板将土表轻压平整，原有植株的基部要用手轻轻抚平。

种植花草

●所需工具

移植铲

●植物清单

每种准备2~3株（具体数量可按花坛大小灵活增减）
A 百日菊'缤纷' B 狗面花'橙色'
C 天人菊'亚利桑那' D 大戟'钻石迷雾'
E 辣椒'闪光紫色'

1 先将植物连盆摆在花坛内，看搭配效果。后方放狗面花和大戟，中间放天人菊和辣椒，最前端放较低矮的百日菊。

2 从后向前定植。种植穴要比根团大一圈。

3 温度高的时期，注意要尽快种植，不要让根系干掉。挖好种植穴再给植物脱盆。

4 定植时注意不要破坏根团。将植株周围的土聚集到植株基部，轻轻压实，让根部与土壤充分结合。

P O I N T

植物定植完成后要在其基部浇充足的水

初夏温度已经较高了，为了将对植物的伤害降到最低，要在定植后马上往植株基部浇充足的水。浇水时还要注意不要把水淋到花瓣上。

完成！

划重点！

定植后往基部浇充足的水。

小型天然岩石花坛里
清新的花草组合

秋~冬

用羽衣甘蓝搭配出有季节感的组合：迷你羽衣甘蓝（Ⓐ）、紫罗兰'宝贝'（Ⓑ）、金鱼草'托尼'（Ⓒ），这三种植物可以搭配出层次感。大花角堇'心情鸡尾酒'（Ⓓ）为花坛提供独特的色调。

小空间也可以尝试的繁茂小花坛

　　玄关前的空间虽然不大，但十分需要一个有季节感的花坛。推荐使用毛面碎石围搭出一个小花坛。花坛大小可随意调整，更换植物也很轻松，还可以根据不同季节来改变主角植物。搭配要点：后方种植有些高度的植物，整体穿插一些彩叶植物来统一风格。另外，可以选择一些花期长、易分枝的植物。

春季~初夏

用粉色调来打造明亮的春季花坛。粉花的宿根龙面花（Ⓔ）和花毛茛（Ⓕ），与欧石楠'白色欢愉'（Ⓖ）的颜色相互衬托。白色的假匹菊'非洲之眼'（Ⓗ）将所有颜色完美地统一成一体。

花坛备土

●所需材料与工具

（以70cm×50cm的花坛为例）

① 中粒鹿沼土 约2L
② 腐叶土 约4L
③ 牛粪肥 约4L
④ 缓释肥 适量

⑤ 扫帚
⑥ 铁锹
⑦ 三角锄头
⑧ 移栽铲
⑨ 刮板
⑩ 筒铲

1 将除矾根外的植物全部拔干净，用三角锄头将杂草和碎石挑出，并将土壤仔细耕一耕。

2 在土表撒充足的腐叶土。

3 撒上牛粪肥。

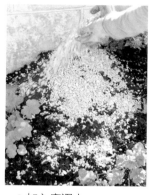

4 加入鹿沼土。

5 撒上缓释肥。

6 用铲子搅拌均匀。

7 石块附近和其他角落也不要落下，用三角锄头仔细混合。

完成！

在合适的季节，将装点景致的花卉和彩叶植物组合种下去吧！

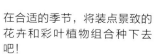

8 用刮板将土堆成圆顶形，并刮平表面。

夏花开败后简单的
植物替换

晚夏～晚秋

小花坛如何轻松地移植：分组替换植物

不需要大费周章地移栽所有植物，只要随着季节变化，替换开败的植物，再活用原有的植物，同样可以搭配出有四季更迭之美的花坛。要想更轻松地替换植物，可以将花期相近的植物分组种在一片区域中，下个季节替换成当季的植物就可以了。推荐选择花色和叶片颜色有季节特点的植物。

拔掉夏季开花一年生的鼠尾草、长春花，在这块空缺处种植一组有秋季特色的植物：临时救（D）、球根秋海棠（G）、莲子草（H）。保留原有的植物：延命草（A）、常春藤（B）、避日花（C）、临时救（D）、鹤翎花'大理石糖果'（E）、蝴蝶草（F）、矾根（I）、戟叶浆果藜（J）。

替换花草

●所需材料与工具

① 园艺剪刀　② 移植铲　③ 刮板　④ 三角锄头
⑤ 腐叶土　⑥ 缓释肥

●植物清单

D 临时救'午夜阳光'
G 球根秋海棠
H 莲子草

开始！

晚夏

1 长春花等一年生草本植物绽放了一整个夏天，终于在夏末完成了使命。将它们拔掉后花坛一角空落落的。

POINT

选择有季节感的植物做主角

可以在为整个花坛提供季节感的区域按季节替换不同花色的植物，选取当季开花的植株。只需这一点小小的改变就可以使花坛氛围焕然一新，利用好彩叶植物也有同样的效果。

3 挖一个可放3个根团的种植穴，在穴内填入腐叶土和少量的缓释肥，并搅拌使其与原土壤充分混合。

2 将准备好要替换的植物摆在花坛内看整体效果。

4 按从内到外的顺序定植。将小苗脱盆，从株型丰满的主角植物——球根秋海棠开始定植。

5 把莲子草脱盆，看好整体效果定植下去。

6 最后给临时救脱盆定植。为了不让新旧植物间出现明显界限，定植时用手将土壤轻轻压实。

POINT

不要忘记打理原有植株

略微修剪花坛中原有的植物，使其与新加入的植物结合得更自然。将矾根受损的老叶摘掉，徒长的蝴蝶草修剪1/3，使株型更加密实。

7 既有植株花期结束后，要在摘除残花时一并将徒长枝条修剪掉。

8 检查定植好的新苗，把即将开败的花和受损的叶片摘掉。

完成！

四周如果有过长的叶片遮挡，可以将叶片稍做修剪。最后给定植好的小苗从基部浇足水就完成啦！

科茨沃尔德石打造的中型花坛内低维护区域的植物替换

冬~春

初夏替换一些低维护的植物

花期在夏季的草花最适合的移栽时期就是初夏。如果你家的花坛是中型花坛，可以选择一些花色清爽、每天看都不会腻的小花型植物，从而可以长时间观赏。除花型外，在选择替换植物时还应挑选能够抵抗夏季的高温高湿且花期足够长的品种。或者可以选择彩叶植物，不仅有看点还会让花坛更加华丽。

春季，科茨沃尔德石打造的中型花坛里，角堇等一年生草本植物正开得热闹。当假匹菊（E）花谢后，梳黄菊（F）、角堇（G）等植物的花期也接近尾声。

初夏~秋季

将花谢后的一年生植物拔掉，替换成花期长、清凉感满满的蓝花系草本植物：法国薰衣草（A）、琴叶鼠尾草'紫色火山'（B）、辣椒'紫色闪光'（C）、香彩雀（D）。

花坛备土

●所需材料与工具

① 园艺剪刀　② 移植铲　③ 刮板　④ 三角锄头
⑤ 腐叶土　⑥ 缓释肥

1 将角堇、假匹菊、梳黄菊等开败的植物连根拔起。

2 金鱼草还有些花，将枯萎的花摘掉、花穗剪下来。

3 剩下的矾根如有受伤、变色的叶片都要贴基部剪掉。

4 开败的花叶蝇子草'金色德鲁特'可以作为彩叶植物继续留下。将残花剪掉，再从枝梢往下修剪1/3。

POINT

可长期观赏的彩叶植物如何修剪？

花叶蝇子草'金色德鲁特'虽然花谢了，但只需稍微打理下还可以当作彩叶植物留用。将其从枝梢修剪1/3左右的长度。

5 常绿的观叶灌木需要将其徒长枝修剪一下，以整理株型。

6 开败的花草已经全部拔掉，留下的植物也修剪好、摘掉了受损叶片。

7 在原来的土壤表面均匀地覆盖一层腐叶土，直到看不到原来的土壤。

8 撒适量的缓释肥。

完成！

将花坛原土与新填的腐叶土、肥料充分混合均匀，注意不要伤到其他植物的根部。然后用刮板将土表刮平，原有植株附近的土用手轻轻压平。

POINT

狭窄或有植株的地方用三角锄头比较方便

在为花坛边缘、边饰石块边缘，以及长有植株的地方耕土时，推荐使用三角锄头。它小巧灵活，便于在边边角角操作。

种植花草

●所需工具

移植铲

●植物清单

Ⓐ 法国薰衣草
Ⓑ 琴叶鼠尾草'紫色火山'
Ⓒ 辣椒'紫色闪光'
Ⓓ 香彩雀

开始！

1 将需定植的小苗不脱盆摆放在花坛中看整体效果。后方放株型较高的法国薰衣草，中间放香彩雀和辣椒，前方放株型低矮的琴叶鼠尾草。

2 按照从内向外的顺序定植。把小苗脱盆。

3 挖一个比根团大一圈的种植穴，温度高的时期要尽量快些操作，不要让根团变干。

4 定植时注意不要弄散根团。将周围的土壤向中间集中，轻压植株基部的土壤，使其与植株根部更好地结合。

完成！

由内向外将所有的小苗定植好，然后在基部浇充足的水。

Chapter 5
四季植物推荐

适合春季花坛的植物组合图鉴

	正统派	清爽型	白色系

高 70 cm以上

正统派

大花六道木 '五彩纸屑'
Abelia ×grandiflora 'Confetti'

忍冬科　耐寒性半落叶灌木
花色：● 　日照条件：○～ ◐
耐热性：◎ 　定植时期：3—6月、10—11月
1 2 3 4 5 6 7 8 9 10 11 12

带斑纹的常绿叶片叶色明亮，低温时叶片边缘会染成粉红色。株型紧凑，耐修剪。开淡粉色花朵。

假匹菊 '非洲之眼'
Rhodanthemum 'African Eyes'

菊科　耐寒性多年生（一年生）草本植物
花色：○ 　日照条件：○
耐热性：○ 　定植时期：11月至次年4月
1 2 3 4 5 6 7 8 9 10 11 12

这是一款百搭的花卉植物。叶片为银灰色。花茎挺拔，姿态优美，为花坛添色不少。

蕾丝花
Orlaya grandiflora

伞形科　耐寒性多年生（一年生）草本植物
花色：○ 　日照条件：○
耐热性：○ 　定植时期：10—12月
1 2 3 4 5 6 7 8 9 10 11 12

纤细的叶片和花朵，与各种植物都很搭配。花期长，可以与初夏的多年生草本植物组合，花期结束之后还能起到美化的作用。

中 40~70cm

玛格丽特
Argyranthemum frutescens

菊科　半耐寒性多年生草本植物
花色：●●●○ 　日照条件：○
耐热性：△ 　定植时期：3—5月、9—10月
1 2 3 4 5 6 7 8 9 10 11 12

花朵大且多，建议种植在显眼的位置。需要避免受到春末夏初的霜害。开花期要定时施以液态肥。

倭羽扇豆 '快乐精灵'
Lupinus nanus 'Pixie Delight'

豆科　耐寒性一年生草本植物
花色：●●○ 　日照条件：○
耐热性：▲ 　定植时期：3—4月
1 2 3 4 5 6 7 8 9 10 11 12

株型紧凑，分枝成丛，花开不断。不耐移植，补种时不要打散根团。

熊耳菊
Arctotis grandis

菊科　耐寒性多年生草本植物
花色：○ 　日照条件：○
耐热性：△ 　定植时期：3—4月、10—11月
1 2 3 4 5 6 7 8 9 10 11 12

具有银色叶片，白色花朵的中央是蓝色的花蕊，十分好看。在秋季定植的话，到了次年春季就会长得很茂盛。

低 40 cm以下

龙面花
Nemesia caerulea

玄参科　半耐寒性多年生草本植物
花色：●●● 　日照条件：○
耐热性：○ 　定植时期：3—4月、9—11月
1 2 3 4 5 6 7 8 9 10 11 12

花色丰富，与各种花草都很容易搭配。需要注意避免过于潮湿，花后勤强剪可以促进多次开花。

花叶蝇子草 '金色德鲁特'
Silene uniflora 'Druett's Variegated'

石竹科　耐寒性多年生草本植物
花色：○ 　日照条件：○
耐热性：△ 　定植时期：10—12月
1 2 3 4 5 6 7 8 9 10 11 12

花叶品种的叶片十分好看，耐寒性强，在开花前可以作为彩叶植物欣赏。具有匍匐性，任其自然垂下会很美观。

绒毛卷耳
Cerastium tomentosum

石竹科　耐寒性多年生（一年生）草本植物
花色：○ 　日照条件：○
耐热性：▲ 　定植时期：3—4月、10—12月
1 2 3 4 5 6 7 8 9 10 11 12

银色的纤细叶片很美观。植株基部遭受闷热后很容易损伤，适宜种植在土质疏松、通风的花坛边缘。

* 请纵向查看各个主题推荐的植物，从中选择喜爱的植物组合，打造属于自己的花坛。

日照条件：○= 全日照　◐ = 半阴　● = 全阴；耐热性：◉ = 强　◎ = 较强　○ = 一般　△ = 较弱　▲ = 弱

其他值得推荐的组合 蜡笔色系的花即使多个颜色也很容易搭配，再加上彩叶植物增加明暗变化，给人以时尚优雅的印象。

成熟系……低 花叶蝇子草'金色德鲁特' + 中 法国薰衣草 + 高 马提尼大戟'黑鸟'

可爱系……低 雏菊'草莓奶油' + 中 倭羽扇豆'快乐精灵' + 高 河之星

正统派低维护	自然风	优雅系低维护	

高 70 cm 以上

澳洲朱蕉'红星'
Cordyline australis 'Red Star'

龙舌兰科　半耐寒性常绿灌木
叶色：●●　日照条件：○～●
耐热性：◎　定植时期：4—7月、9—11月

| 1 | 2 | 3 | 4 | 5 | 6 | 7 | 8 | 9 | 10 | 11 | 12 |

叶片呈放射状，能轻易抓住人们的眼球，独具魅力。可作为轻柔姿态的草花的背景。

姬山茶花
Camellia 'Elina Cascade'

山茶科　耐寒性常绿灌木
花色：●　日照条件：○●
耐热性：◎　定植时期：3—5月、9—10月

| 1 | 2 | 3 | 4 | 5 | 6 | 7 | 8 | 9 | 10 | 11 | 12 |

纤细的枝条微微下垂，开花时像挂满了粉红的铃铛一般。株型紧凑，适合西洋风的庭院。

马提尼大戟'黑鸟'
Euphorbia × martinii 'Black Bird'

大戟科　耐寒性常绿灌木
花色：●　日照条件：○～●
耐热性：◎　定植时期：3—5月、10—11月

| 1 | 2 | 3 | 4 | 5 | 6 | 7 | 8 | 9 | 10 | 11 | 12 |

深褐色的叶片常能成为庭院的点睛之笔。花朵较小，黄绿色。在略干燥的环境下生长良好。花后需要强剪以重整株型。

中 40～70 cm

法国薰衣草
Lavender stoechas

唇形科　半耐寒性常绿灌木
花色：●●　日照条件：○
耐热性：◎　定植时期：3—4月、10月

| 1 | 2 | 3 | 4 | 5 | 6 | 7 | 8 | 9 | 10 | 11 | 12 |

花朵顶端的苞叶宛如兔耳，很有特点。耐热性强，在温暖地带也很容易栽培。色调变化丰富。

铁筷子
Helleborus × hybridus

毛茛科　耐寒性多年生草本植物
花色：●●●●　日照条件：○
耐热性：◎　定植时期：3—4月、10—12月

| 1 | 2 | 3 | 4 | 5 | 6 | 7 | 8 | 9 | 10 | 11 | 12 |

这是耐阴花园不可或缺的植物。需要种植在排水与通风良好的位置。常绿，适合种植在一年里都想欣赏到绿色的位置。

金丝桃
Hypericum calycinum 'Goldform'

金丝桃科　耐寒性常绿灌木
花色：●　日照条件：○～●
耐热性：◎　定植时期：3—6月、9—11月

| 1 | 2 | 3 | 4 | 5 | 6 | 7 | 8 | 9 | 10 | 11 | 12 |

叶色会随着温度变化。剪掉徒长的枝条后，会促使萌发更多的新枝，变成浑圆的株型，十分美观。生长较为缓慢。

低 40 cm 以下

百里香'福克斯里'
Thymus pulegioides 'Foxley'

唇形科　耐寒性常绿灌木
花色：●　日照条件：○
耐热性：○　定植时期：3—5月、9—11月

| 1 | 2 | 3 | 4 | 5 | 6 | 7 | 8 | 9 | 10 | 11 | 12 |

花叶，具有匍匐性，十分美丽。碰触后会散发出好闻的香味。很适合栽种在道路两旁，注意通风，花后要强剪。

紫叶拉布拉多堇菜
Viola labradorica purpurea

堇菜科　耐寒性多年生草本植物
花色：●　日照条件：○●
耐热性：○　定植时期：10—12月

| 1 | 2 | 3 | 4 | 5 | 6 | 7 | 8 | 9 | 10 | 11 | 12 |

叶色优雅，气温变低时叶色会变深，回暖后则变成接近绿色。匍匐生长逐渐壮大，可反复开花。

地被婆婆纳'蓝佐治亚'
Veronica umbrosa 'Georgia Blue'

玄参科　耐寒性多年生草本植物
花色：●　日照条件：○
耐热性：◎　定植时期：3月、10—11月

| 1 | 2 | 3 | 4 | 5 | 6 | 7 | 8 | 9 | 10 | 11 | 12 |

经历冬天低温后叶片会变成深铜色，这是其一大特征。匍匐生长扩张，盛开无数的蓝色小花。

▨▨▨ ＝开花期　　▨▨▨ ＝观赏期

适合春季花坛的植物组合图鉴

	鲜亮清爽系	华丽清新系	浪漫系

高 70cm以上

小蜡'柠檬之光'

Ligustrum sinense 'Lemon & Lime'

木犀科　耐寒性半常绿灌木
叶色：花叶　　**日照条件**：○ ~ ●
耐热性：◉　**定植时期**：3—6月、10—11月

| 1 | 2 | 3 | 4 | 5 | 6 | 7 | 8 | 9 | 10 | 11 | 12 |

花叶为明亮的黄色，很有魅力。萌芽力强，容易修剪塑形。具有耐热性，强健易栽培。

麦仙翁

Agrostemma githago

石竹科　耐寒性一年生草本植物
花色：● ●　　**日照条件**：○
耐热性：▲　**定植时期**：10—12月

| 1 | 2 | 3 | 4 | 5 | 6 | 7 | 8 | 9 | 10 | 11 | 12 |

能生长出细长的花茎，花开不断。植株较高，需要尽早用支柱支撑。喜偏干燥的环境，要用透水性较好的土壤种植。

香科科

Teucrium fluticans

唇形科　半耐寒性常绿灌木
花色：●　　**日照条件**：○
耐热性：△　**定植时期**：10—12月

| 1 | 2 | 3 | 4 | 5 | 6 | 7 | 8 | 9 | 10 | 11 | 12 |

叶片带有银灰色，配上紫色的小花，显得很清爽。枝条萌发力强，可以通过修剪塑造成树型。

中 40~70cm

蓝目菊

Osteospermum spp.

菊科　半耐寒性多年生草本植物
花色：●●○●　　**日照条件**：○
耐热性：△　**定植时期**：3—4月、9—10月

| 1 | 2 | 3 | 4 | 5 | 6 | 7 | 8 | 9 | 10 | 11 | 12 |

早春购入花苗，种植时注意避开霜害，这样的话可以有持久的花期。适宜种植在通风、光照良好的场所。

蜜蜡花

Cerinthe major

紫草科　耐寒性一年生草本植物
花色：●　　**日照条件**：○
耐热性：▲　**定植时期**：3月、10—12月

| 1 | 2 | 3 | 4 | 5 | 6 | 7 | 8 | 9 | 10 | 11 | 12 |

叶片略带蓝色，配上深紫色的花，独具魅力。枝条伸展如拱形，形态优雅。喜好排水良好的环境。

花毛茛

Ranunculus asiatics

毛茛科　半耐寒性球根植物
花色：●●●○　　**日照条件**：○
耐热性：△　**定植时期**：3—4月、11—12月

| 1 | 2 | 3 | 4 | 5 | 6 | 7 | 8 | 9 | 10 | 11 | 12 |

株型丰满，适合华丽风格。与小花进行组合的话也很和谐。需要提防霜害。

低 40cm以下

牛至'肯特美人'

Origanum 'Kent Beauty'

唇形科　耐寒性多年生草本植物
花色：●　　**日照条件**：○ ~ ●
耐热性：△　**定植时期**：10—12月

| 1 | 2 | 3 | 4 | 5 | 6 | 7 | 8 | 9 | 10 | 11 | 12 |

不耐高温和闷热潮湿环境，花后尽快强剪可提高度夏成功率。

海滨希腊芥

Malcolmia maritime

十字花科　耐寒性一年生草本植物
花色：● ○　　**日照条件**：○
耐热性：▲　**定植时期**：10—12月

| 1 | 2 | 3 | 4 | 5 | 6 | 7 | 8 | 9 | 10 | 11 | 12 |

花开时一整面都是缤纷的粉紫色。随着花开，花朵会呈现白色、粉色的渐变。可以耐受 −3℃ 的低温，适合作为早春时节的补植花卉。

雏菊'草莓奶油'

Bellis perennis 'Tasso Strawberries and Cream'

菊科　耐寒性一年生草本植物
花色：●　　**日照条件**：○
耐热性：▲　**定植时期**：3—4月

| 1 | 2 | 3 | 4 | 5 | 6 | 7 | 8 | 9 | 10 | 11 | 12 |

花朵有粉色的深浅变化，是能让人感受到盈盈春意的花色，惹人怜爱。植株低矮，花开繁茂。需种植在排水与通风良好的场所。

* 请纵向查看各个主题推荐的植物，从中选择喜爱的植物组合，打造属于自己的花坛。

日照条件：○= 全日照 ●= 半阴 ；●= 全阴 ；耐热性：◉ = 强 ● = 较强 ○= 一般 △ = 较弱 ▲ = 弱

轻快风格	黑白色系	优雅系低维护

河之星

Gomphostigma virgatum

马前科　耐寒性半常绿灌木
花色：　　　日照条件：○
耐热性：◎　定植时期：3—5月、10—12月

| 1 | 2 | 3 | 4 | 5 | 6 | 7 | 8 | 9 | 10 | 11 | 12 |

细碎的银白色叶片十分美丽，花后强剪可促发新枝、重塑株型。可反复开花。

醉鱼草

Buddleja hybrid

马前科　半耐寒性灌木
花色：　　　日照条件：○
耐热性：◉　定植时期：3—5月、10—11月

| 1 | 2 | 3 | 4 | 5 | 6 | 7 | 8 | 9 | 10 | 11 | 12 |

醉鱼草株型紧凑，不会生长得过于高大。花期长，花后需要将花穗从着生处剪除，可促使萌发新的花穗。

柃木'残雪'

Eurya japonica 'Zansetsu'

山茶科　耐寒性常绿灌木
叶色：　有斑纹
耐热性：◎　　　日照条件：◕
　　　　定植时期：3—4月、10—12月

| 1 | 2 | 3 | 4 | 5 | 6 | 7 | 8 | 9 | 10 | 11 | 12 |

在半阴环境下也能生长良好。生长缓慢，白色的散射状斑纹十分美丽，在半阴环境下也能给人以明快的印象。花不太显眼。

百脉根'硫黄'

Lotus hirsutus 'Brimstone'

豆科　半耐寒性多年生草本植物
花色：●　日照条件：○
耐热性：◉　定植时期：3—4月、10—12月

| 1 | 2 | 3 | 4 | 5 | 6 | 7 | 8 | 9 | 10 | 11 | 12 |

新芽是奶黄色的，与绿叶形成鲜明的对比。适宜栽种在排水与通风良好、偏干燥的场所。

矢车菊'黑球'

Centaurea cyanus 'Black Ball'

菊科　耐寒性多年生草本植物
花色：●　日照条件：○～◕
耐热性：◎　定植时期：3月、10—12月

| 1 | 2 | 3 | 4 | 5 | 6 | 7 | 8 | 9 | 10 | 11 | 12 |

黑紫色的花朵与银白色叶片形成的对比十分美丽。适合种植在通风良好的场所。在早春种植的话，株型会较紧凑。

荷包牡丹'金心'

Dicentra spectabilis 'Gold Heart'

罂粟科　耐寒性多年生草本植物
花色：●　日照条件：◕
耐热性：◎　定植时期：3月、10—12月

| 1 | 2 | 3 | 4 | 5 | 6 | 7 | 8 | 9 | 10 | 11 | 12 |

叶片呈现亮眼的金黄色，花朵为玫红色，是一个体型比较大的品种。花期过后的夏天到冬天地上部分会枯萎，进入休眠期。

勿忘草

Myosotis hybrid

紫草科　耐寒性多年生草本植物
花色：●　日照条件：○
耐热性：△　定植时期：10—12月

| 1 | 2 | 3 | 4 | 5 | 6 | 7 | 8 | 9 | 10 | 11 | 12 |

开出的花朵大而蓝。在秋天定植的话，能让植株充分生长，春天一到就会开花。株型紧凑茂密。

喜林草'黑便士'

Nemophila menziesii 'Peny black'

田基麻科　耐寒性一年生草本植物
花色：●●　日照条件：○
耐热性：▲　定植时期：3—4月

| 1 | 2 | 3 | 4 | 5 | 6 | 7 | 8 | 9 | 10 | 11 | 12 |

花瓣边缘为白色，中心为黑紫色，非常独特。喜光照充足和排水良好的环境。令人意外的是，它与各种植物都很容易搭配。

心叶牛舌草

Brunnera macrophylla 'Jack Frost'

紫草科　耐寒性多年生草本植物
花色：●　日照条件：◕
耐热性：△　定植时期：3月、10—11月

| 1 | 2 | 3 | 4 | 5 | 6 | 7 | 8 | 9 | 10 | 11 | 12 |

叶片银白色，带有精致的斑纹。大大的叶片衬着蓝色的小花，十分可爱。需种植在排水与通风良好的场所。

高 70 cm 以上

中 40～70 cm

低 40 cm 以下

▨ ＝开花期　▨ ＝观赏期

适合夏季花坛的植物组合图鉴

	耐阴系	白色系	浪漫系

高 70 cm以上

玉簪 *Hosta*
百合科　耐寒性多年生草本植物
花色：●　日照条件：●
耐热性：○　定植时期：4—5月、10—11月
1 2 3 4 5 6 7 8 9 10 11 12
美丽的叶片和花朵是其最大的魅力，叶色和叶形多种多样。体型从小到大都有，有的品种的花还有香味。

毛地黄钓钟柳'豆荚红' *Penstemon digitalis* 'Husker Red'
玄参科　耐寒性多年生草本植物
花色：●　日照条件：○
耐热性：◎　定植时期：10—12月
1 2 3 4 5 6 7 8 9 10 11 12
叶片带有黑色，从秋天开始就能作为彩叶植物欣赏。与淡粉色花朵的对比十分美丽。强健易栽培。

大花飞燕草'极光系列' *Delphinium elatum* 'Aurora Series'
毛茛科　耐寒性多年生（一年生）草本植物
花色：●●　日照条件：○
耐热性：▲　定植时期：10—12月
1 2 3 4 5 6 7 8 9 10 11 12
花朵大，极具存在感，建议种植在显眼的位置。本品种在温暖地带也容易栽培。需要立支柱防止倒伏。

中 40~70 cm

落新妇 *Astilbe×hybrida*
虎耳草科　耐寒性多年生草本植物
花色：●　日照条件：○~●
耐热性：◎　定植时期：3—4月、10—12月
1 2 3 4 5 6 7 8 9 10 11 12
此款新芽为绿色，随后逐渐变成红色的彩叶，是一款美丽的矮性品种。需避免缺水，夏天要种植在半阴处。

红缬草 *Centranthus ruber*
败酱科　耐寒性多年生草本植物
花色：● □　日照条件：○~●
耐热性：▲　定植时期：10—12月
1 2 3 4 5 6 7 8 9 10 11 12
伞房状花序上面缀满小花，花期长。植株高度适中，与其他花草进行组合的话能凸显出个性。耐干燥。

异株蝇子草'萤火虫' *Silene dioica* 'Firefly'
石竹科　耐寒性多年生草本植物
花色：●　日照条件：○
耐热性：◉　定植时期：10—12月
1 2 3 4 5 6 7 8 9 10 11 12
重瓣品种，花开如月季。花朵小，花色浓郁鲜艳，花期长，十分夺眼。强健易栽培，长成大型植株后会很壮观。

低 40 cm以下

黄水枝 *Tiarella* 'Spring symphony'
虎耳草科　耐寒性多年生草本植物
花色：●　日照条件：●
耐热性：○　定植时期：3月、10—12月
1 2 3 4 5 6 7 8 9 10 11 12
叶片带有斑纹，形如枫叶，十分美丽。在开花期之前可作为彩叶植物观赏。花量极大，开花时十分壮观。

绵毛水苏 *Stachys byzantine*
唇形科　耐寒性多年生草本植物
花色：●　日照条件：○
耐热性：○　定植时期：3—4月、10—12月
1 2 3 4 5 6 7 8 9 10 11 12
茎叶被有银白色丝状绵毛，十分美丽。植株基部容易受到闷热高湿伤害，需要经常清理下部的残叶。

超级鼠尾草 *Salvia×superba*
唇形科　耐寒性多年生草本植物
花色：●　日照条件：○
耐热性：◎　定植时期：3—4月、9—11月
1 2 3 4 5 6 7 8 9 10 11 12
细长的花穗上缀满了花朵，姿态挺拔，十分美丽。花后进行强剪，可以促使恢复株型、再次开花。本品种株型低矮紧凑。

* 请纵向查看各个主题推荐的植物，从中选择喜爱的植物组合，打造属于自己的花坛。

日照条件：○= 全日照 ●= 半阴 ● = 全阴；耐热性：◉ = 强 ◎ = 较强 ○ = 一般 △ = 较弱 ▲ = 弱

英式花园风格

毛地黄

Digitalis purpurea

玄参科　耐寒性多年生草本植物
花色：●●○○　　　日照条件：○～●
耐热性：○　　　定植时期：10—12月

| 1 | 2 | 3 | 4 | 5 | 6 | 7 | 8 | 9 | 10 | 11 | 12 |

长长的花穗具有存在感，与月季组合种植效果极佳。花后强剪可促进萌发花芽，是初夏时节的主要花卉之一。

毛剪秋罗

Lychnis coronaria

石竹科　耐寒性多年生草本植物
花色：●　　　日照条件：○
耐热性：◎　　　定植时期：10—12月

| 1 | 2 | 3 | 4 | 5 | 6 | 7 | 8 | 9 | 10 | 11 | 12 |

茎叶披银白色柔毛，十分美丽。强剪易栽培，分枝性好，花期长。

老鹳草'约翰逊蓝'

Geranium 'Johnson's Blue'

牻牛儿苗科　耐寒性多年生草本植物
花色：●　　　日照条件：○～●
耐热性：○　定植时期：3—4月、10—12月

| 1 | 2 | 3 | 4 | 5 | 6 | 7 | 8 | 9 | 10 | 11 | 12 |

花朵很大，为蓝色。在老鹳草里属于比较适合温暖地区种植的品种。株型浑圆茂密。最适合种植在月季植株的基部附近。

杏黄色系

杂交毛蕊花

Verbascum hybridum 'Southern Charm'

玄参科　耐寒性多年生草本植物
花色：●●●●　　　日照条件：○
耐热性：△　定植时期：3—4月、10—12月

| 1 | 2 | 3 | 4 | 5 | 6 | 7 | 8 | 9 | 10 | 11 | 12 |

色彩复古典雅，花蕊为红色，有画龙点睛之妙。在秋天定植的话植株会长得很壮实，开花性会更好。

深紫珍珠菜'博若莱葡萄酒'

Lysimachia atropurpurea 'Beaujolais'

报春花科　耐寒性多年生草本植物
花色：●　　　日照条件：○～●
耐热性：△　定植时期：3—4月、10—12月

| 1 | 2 | 3 | 4 | 5 | 6 | 7 | 8 | 9 | 10 | 11 | 12 |

银色具有金属质感的叶片与深紫色的穗状花序相互映衬。作为主角植物种植在花坛中，可给人以雅致的印象。

路边青'迈泰鸡尾酒'

Geum 'Mai Tai'

蔷薇科　耐寒性多年生草本植物
花色：●～●●　　　日照条件：○～●
耐热性：○　　　定植时期：10—12月

| 1 | 2 | 3 | 4 | 5 | 6 | 7 | 8 | 9 | 10 | 11 | 12 |

花朵为半重瓣，呈现杏黄色到粉红色的渐变。植株基部叶片繁茂，株型紧凑。生长迅速，容易栽培。

复古系

无毛风箱果

Physocarpus opulifolius 'Ponna May' *Little devil*

蔷薇科　耐寒性落叶灌木
花色：●　日照条件：○
耐热性：◎　定植时期：3—4月、10—12月

| 1 | 2 | 3 | 4 | 5 | 6 | 7 | 8 | 9 | 10 | 11 | 12 |

与其他品种的风箱果相比，株型较紧凑。枝条细，叶子也小，分枝性好，在每节上都能盛开像小手球般的花朵。

耧斗菜'巴洛'

Aquilegia vulgaris var. *stellata* 'Barlow'

毛茛科　耐寒性多年生草本植物
花色：●●　　　日照条件：○～●
耐热性：△　　　定植时期：3月、10—12月

| 1 | 2 | 3 | 4 | 5 | 6 | 7 | 8 | 9 | 10 | 11 | 12 |

重瓣的美丽花朵独具魅力。植株基部叶片茂密，从中伸展出细长的花茎，在狭窄的场所也能种植。

矾根'焦糖'

Heuchera 'Caramel'

虎耳草科　耐寒性多年生草本植物
花色：○　　　日照条件：●
耐热性：○　定植时期：3—4月、9—12月

| 1 | 2 | 3 | 4 | 5 | 6 | 7 | 8 | 9 | 10 | 11 | 12 |

春季萌发的新芽带有橘味，更添姿色。在矾根里属于大型且强健的品种。如果想一年四季都能欣赏到美丽的叶色，就不要错过它。

高　70 cm以上

中　40～70 cm

低　40 cm以下

▨▨▨ ＝开花期　▨▨▨ ＝观赏期

65

适合夏季花坛的植物组合图鉴

	低维护	自然风	个性派

高 70cm以上

乔木绣球'安娜贝拉'

Hydrangea arborescens 'Annabelle'

虎耳草科　耐寒性落叶灌木
花色：● ● 　日照条件：○ ～ ●
耐热性：◎ 　定植时期：3—4月、10—11月

1	2	3	4	5	6	7	8	9	10	11	12

不孕花呈球形，白色，花期很长。由于是新枝开花，从冬天到早春时节要从植株基部进行强剪。

柳叶马鞭草

Verbena bonariensis

马鞭草科　耐寒性多年生草本植物
花色：● ●　日照条件：○ ～ ●
耐热性：◎　定植时期：3月、10—11月

1	2	3	4	5	6	7	8	9	10	11	12

细长的花茎顶端开放出小小的花朵，给人以自然的印象。开花期长，强健易养护。

柳穿鱼

Linaria purpurea

车前科　耐寒性多年生草本植物
花色：● ●　日照条件：○
耐热性：○　定植时期：3月、10—11月

1	2	3	4	5	6	7	8	9	10	11	12

开出的小花独具特色，很难找到比它更个性鲜明的花卉了。茎叶稍带有银白色，十分好看。需要种植在排水与通风良好的地方。

中 40～70cm

百子莲'圣母皇太后'

Agapanthus 'Queen Mum'

石蒜科　半耐寒性多年生草本植物
花色：● ●　日照条件：○ ～ ●
耐热性：◉　定植时期：3—4月、9—11月

1	2	3	4	5	6	7	8	9	10	11	12

花色为白、蓝复色，花朵大，在季节交替之初开花，对于衔接花期是一款不可多得的花卉。强健，不怎么需要后期养护。

松果菊

Echinacea spp.

菊科　耐寒性多年生草本植物
花色：● ● ● ○ ○ ○　日照条件：○
耐热性：◉　定植时期：4—5月、10月

1	2	3	4	5	6	7	8	9	10	11	12

强健易养护，不惧炎夏，在庭院里可放任生长多年。花型、花色丰富。到了冬天地上部分会枯萎。

高地黄

Rehmannia elata

玄参科　耐寒性多年生草本植物
花色：●　日照条件：○ ～ ●
耐热性：◎　定植时期：3—4月、10—11月

1	2	3	4	5	6	7	8	9	10	11	12

花色为鲜艳的粉红色，花朵小，穗状花序很亮眼。不耐潮湿，夏天要移植到通风良好的半阴环境下养护。

低 40cm以下

山桃草

Gaura lindheimeri 'Lolipop Pink'

柳叶菜科　耐寒性多年生草本植物
花色：● 复色　日照条件：○
耐热性：◉　定植时期：4—5月、10—12月

1	2	3	4	5	6	7	8	9	10	11	12

此品种和比起普通品种来说，株型紧凑、分枝性好、花期长。耐热，可以在很长一段时间内次第开花。

细茎针茅

Stipa tenuissima 'Angel Hair'

禾本科　耐寒性多年生草本植物
叶色：银色　日照条件：○ ～ ●
耐热性：◎　定植时期：3—4月、10—12月

1	2	3	4	5	6	7	8	9	10	11	12

叶片柔软，呈现出带着银白色的明亮绿色，十分美丽。随风摇曳的姿态给人以轻柔的印象。性喜稍干燥的环境。

大花新风轮菜

Calamintha grandiflora 'Variegata'

唇形科　耐寒性多年生草本植物
花色：●　日照条件：○ ～ ●
耐热性：◎　定植时期：3—4月、9—11月

1	2	3	4	5	6	7	8	9	10	11	12

带有斑纹的美丽叶片与深粉色的花朵交相呼应。花期长，强健易栽培。到了冬天地上部分会枯萎。

* 请纵向查看各个主题推荐的植物，从中选择喜爱的植物组合，打造属于自己的花坛。

日照条件：○= 全日照 ●= 半阴 ●= 全阴；耐热性：◉= 强 ◎= 较强 ○= 一般 △= 较弱 ▲= 弱

雅典派	低维护植物	耐阴植物

暗色老鹳草

Geranium phaeum var. *phaeum*

牻牛儿苗科　耐寒性多年生草本植物
花色：● 　日照条件：○～◑
耐热性：○ 　定植时期：3—4月、10—11月

1 2 3 4 5 6 7 8 9 10 11 12

花色呈暗紫色。在老鹳草属中算是比较耐热的品种，不管与日式风格的庭院还是欧式风格的庭院都很搭。

矮生蓝丁香

Syringa meyeri var. *Spontanea*

木樨科　耐寒性落叶灌木
花色：● 　日照条件：○
耐热性：○ 　定植时期：3月、10~11月

1 2 3 4 5 6 7 8 9 10 11 12

矮生蓝丁香属于小型丁香，易分枝、花量大、花香清新。修剪枝条需要在梅雨季之前进行，并且要在花后马上进行。南方也可以种植。

蛤蟆花

Acanthus mollis

爵床科　耐寒性多年生草本植物
花色：●＋ 　　　　　日照条件：◑
耐热性：○ 　定植时期：3—4月、10—11月

1 2 3 4 5 6 7 8 9 10 11 12

存在感非常强的大型植物，长大后花量也会变多，适合种在焦点位置。纹路明显、有光泽的叶片也是它的魅力之一。

须苞石竹'黑熊'

Dianthus barbatus nigrescens 'Black Bear'

石竹科　耐寒性多年生草本植物
花色：● 　日照条件：○～◑
耐热性：○ 　定植时期：3—4月、10—11月

1 2 3 4 5 6 7 8 9 10 11 12

随着天气变冷，须苞石竹的叶片会慢慢变成铜褐色，与紫红色的花朵形成对比，成为花园中一处精致的点缀品。耐干燥，花后需及时修剪。

钓钟柳

Penstemon smallii

车前科　耐寒性多年生草本植物
花色：●＋ 　日照条件：○
耐热性：◎ 　定植时期：10—11月

1 2 3 4 5 6 7 8 9 10 11 12

淡紫色的花瓣中略带白色，小花非常可爱迷人。株型紧凑，花量大，南方也可以轻松度夏。

紫露草

Tradescantia × *andersoniana*

鸭拓草科　耐寒性多年生草本植物
花色：●●● 　　　　　日照条件：○～◑
耐热性：○ 　定植时期：3—4月、9—11月

1 2 3 4 5 6 7 8 9 10 11 12

三片花瓣组成一朵花，细长的叶片从花瓣下抽出，整株植物的形态都非常有特点。强健好养，花量大。注意花后需要及时修剪调整株型。

琴叶鼠尾草'紫色火山'

Salvia lyrata 'Purple Vulcano'

唇形科　耐寒性多年生草本植物
花色：○ 　日照条件：○～◑
耐热性：◉ 　定植时期：3—5月、9—12月

1 2 3 4 5 6 7 8 9 10 11 12

黑紫色的叶片郁郁葱葱，从中伸出长长的花穗，花穗上盛开着白色的小花。植株较强健并且易繁殖。

加勒比飞蓬

Erigeron karvinskianus

菊科　耐寒性多年生草本植物
花色：○～● 　　　　　日照条件：○
耐热性：◉ 　定植时期：3—4月、10—11月

1 2 3 4 5 6 7 8 9 10 11 12

花朵随着开放进程从白色过渡到淡粉色，可以从春季一直开到初冬。植株较强健且耐干燥。注意每次花后都需修剪。

花叶羊角芹

Aegopodium podagraria 'Variegatum'

伞形科　耐寒性多年生草本植物
花色：○ 　日照条件：◑
耐热性：○ 　定植时期：3—5月、9—10月

1 2 3 4 5 6 7 8 9 10 11 12

带有白色斑纹的叶片照亮了缺光的背阴处，一到初夏还会开出白色的小花。生长迅速，通过匍匐茎不断扩张。

高 70cm以上

中 40~70cm

低 40cm以下

▨ ＝开花期　　▨ ＝观赏期

适合夏季花坛的植物组合图鉴

	蓝色系	红色系	彩叶植物

高 70 cm 以上

延命草'莫纳薰衣草'　*Plectranthus* 'Mona Lavender'

唇形科　非耐寒性多年生草本植物
花色：● 　　日照条件：●
耐热性：◉ 　定植时期：5—8月

1	2	3	4	5	6	7	8	9	10	11	12

叶片表面呈深绿色，背面则是黑紫色。夏季需避强光，注意不要过湿。

凤梨鼠尾草'金冠'　*Salvia elegans* 'Golden Delicious'

唇形科　半耐寒多年生草本植物
花色：● 　　日照条件：○～●
耐热性：◎ 　定植时期：3—5月、9—11月

1	2	3	4	5	6	7	8	9	10	11	12

明亮的金黄色叶片可以当作观叶植物欣赏，到了深秋黄金色的叶片还会将火红的花朵衬托得更迷人。初夏修剪可使株型维持紧凑。

彩叶草'红发'　*Coleus blumei* 'red head'

唇形科　非耐寒性一年生草本植物
叶色：● 　花色：● 　日照条件：○～●
耐热性：◉ 　　定植时期：5—7月

1	2	3	4	5	6	7	8	9	10	11	12

叶片颜色鲜明，即便在远处也十分显眼。定期修剪有助于植株分枝，可使株型更加紧凑。

中 40~70 cm

假紫苏　*Hemigraphis alternate*

爵床科　非耐寒性多年生草本植物
花色：●●复色　日照条件：○～●
耐热性：◉ 　　定植时期：5—8月

1	2	3	4	5	6	7	8	9	10	11	12

叶片表面呈银灰色并带有光泽，背面是有金属质感的深紫色。匍匐于地面，横向生长。

大花型秋海棠　*Begonia* spp.

秋海棠科　非耐寒性多年生草本植物
花色：●● 　日照条件：●
耐热性：◉ 　　定植时期：5—6月

1	2	3	4	5	6	7	8	9	10	11	12

花朵直径可达5cm左右，鲜艳的花朵与有光泽的铜色叶片形成鲜明的对比。植株强健并且株型大，可反复开花。

辣椒'紫色火山'　*Capsicum annuum* 'Purple Flash'

茄科　非耐寒性宿根植物
叶色：● + 　日照条件：○
耐热性：◎ 　　定植时期：5—9月

1	2	3	4	5	6	7	8	9	10	11	12

深紫色的叶片上点缀着一些白色斑纹，这独特的颜色搭配完全可以作为院内植物的点缀。它株型不松散，只是较不耐干燥，注意不要断水。

低 40 cm 以下

单色蝴蝶草　*Torenia concolor*

母草科　非耐寒性一年生草本植物
花色：● 　日照条件：○～●
耐热性：◉ 　定植时期：5—6月、9—10月

1	2	3	4	5	6	7	8	9	10	11	12

蓝色的花朵与花叶的对比是单色蝴蝶草的独特魅力。耐热性强，夏季可持续开花。如果枝叶过长就要及时修剪。

五星花'夏季之星'　*Pentas lanceolata* 'summer star'

茜草科　非耐寒性灌木
花色：● 　日照条件：○
耐热性：◉ 　定植时期：5—6月

1	2	3	4	5	6	7	8	9	10	11	12

带斑纹的叶片与红色花朵形成对比，花朵可开一整个夏季。比较怕湿热，可以在植株长大后通过修剪加强通风。

番薯　*Ipomoea batatas* spp.

旋花科　非耐寒性多年生草本植物
叶色：● 　日照条件：○～●
耐热性：◉ 　定植时期：5—6月

1	2	3	4	5	6	7	8	9	10	11	12

明亮的黄绿色叶片向四周扩散生长。生长旺盛，要注意及时修剪。另外记得加强通风和排水。

* 请纵向查看各个主题推荐的植物，从中选择喜爱的植物组合，打造属于自己的花坛。

日照条件：○= 全日照　●= 半阴　● = 全阴；耐热性：◉ = 强　◎ = 较强　○ = 一般　△ = 较弱　▲ = 弱

丰花植物	花色鲜艳	彩叶植物	高 70cm以上

彩叶狼尾草'烟花'

Pennisetum setaseum 'Fireworks'

禾本科　非耐寒性多年生草本植物
叶色：● 　花色：● 　日照条件：○
耐热性：◉ 　定植时期：4—10月

| 1 | 2 | 3 | 4 | 5 | 6 | 7 | 8 | 9 | 10 | 11 | 12 |

铜褐色的叶片上带有粉色斑纹，十分华丽。初夏生长出来的花序也非常吸睛，光照条件好的话叶色会变得更美。

千日红'烟花'

Gomphrena 'Fireworks'

苋科　非耐寒性一年生草本植物
花色：● ＋ ● 　日照条件：○
耐热性：◉ 　定植时期：6—7月

| 1 | 2 | 3 | 4 | 5 | 6 | 7 | 8 | 9 | 10 | 11 | 12 |

花朵非常特别，桃粉色的花瓣尖端呈黄色。它的株型较大并且会向周围扩张生长，植株强健耐干旱。

岷江蓝雪花'掌中金'

Ceratostigma willmottianum 'palmgold'

白花丹科　半耐寒性常绿灌木
叶色：● 　花色：● 　日照条件：○
耐热性：◉ 　定植时期：5—9月

| 1 | 2 | 3 | 4 | 5 | 6 | 7 | 8 | 9 | 10 | 11 | 12 |

叶片呈明亮的黄绿色，十分迷人。蓝色的花朵也是它的魅力之一。由于它易分枝，株型会像放射状扩散，所以可以作为花草和树木的过渡。

			中 40~70cm

杂交大戟'钻石森林'

Euphorbia hybrid 'Diamond Frost'

大戟科　非耐寒性多年生草本植物
花色：○ 　日照条件：○～●
耐热性：○ 　定植时期：5—7月

| 1 | 2 | 3 | 4 | 5 | 6 | 7 | 8 | 9 | 10 | 11 | 12 |

一片如白色小花一样的花苞星星点点，不管和什么植物组合都非常搭。株型过大的话要及时修剪。

金光菊'虎眼'

Rudbeckia 'Tyger Eye'

菊科　耐寒性一年生草本植物
花色：● 　日照条件：○
耐热性：◉ 　定植时期：6—7月、9—10月

| 1 | 2 | 3 | 4 | 5 | 6 | 7 | 8 | 9 | 10 | 11 | 12 |

金黄色的花瓣搭配棕色的花芯十分夺目。植株强健容易分枝，株型茂盛，开花性强。

避日花'柠檬苏打水'

Phygelius ×rectus 'Lemon Sptitzer'

玄参科　耐寒性常绿灌木
花色：● 　日照条件：○
耐热性：◎ 　定植时期：3—5月、9—10月

| 1 | 2 | 3 | 4 | 5 | 6 | 7 | 8 | 9 | 10 | 11 | 12 |

叶片有明黄色的斑纹，与红色的花朵对比鲜明。一串串的筒状星形花朵让花坛看上去更热闹。

			低 40cm以下

杂交矮牵牛

Petunia hybrids

茄科　半耐寒性一年生草本植物
花色：●● ○ 　日照条件：○
耐热性：◎ 　定植时期：4—5月

| 1 | 2 | 3 | 4 | 5 | 6 | 7 | 8 | 9 | 10 | 11 | 12 |

生长旺盛，覆盖面积广。不怕雨水，夏季也会持续开花。注意定期追肥，花后及时修剪整理株型。

香彩雀

Angelonia spp.

车前科　非耐寒性一年生草本植物
花色：●●● ○ 复色 　日照条件：○
耐热性：◉ 　定植时期：5—7月

| 1 | 2 | 3 | 4 | 5 | 6 | 7 | 8 | 9 | 10 | 11 | 12 |

花色丰富，花型小，与各种植物都非常搭。经常摘残花可保证株型紧凑，促进开花。

莲子草

Alternanthera polygonoides

苋科　非耐寒性多年生草本植物
叶色：● 　花色：○ 　日照条件：○
耐热性：◉ 　定植时期：5—8月

| 1 | 2 | 3 | 4 | 5 | 6 | 7 | 8 | 9 | 10 | 11 | 12 |

莲子草的魅力是其深紫色的叶片。匍匐于地面横向生长，并且会开出白色的小花。

　　＝开花期　　　＝观赏期

适合秋季花坛的植物组合图鉴

	自然风	红色系	橙色系

高
70 cm 以上

小头蓼'银龙'
Persicaria microcephala 'Silver Dragon'

蓼科　耐寒性多年生草本植物
花色：复色　日照条件：○～●
耐热性：◉　定植时期：4—6月、9—11月

| 1 | 2 | 3 | 4 | 5 | 6 | 7 | 8 | 9 | 10 | 11 | 12 |

小头蓼'银龙'的叶片是它的亮点：银灰色的叶片上有红棕色的纹路。生长旺盛，定期修剪可保证株型紧凑。

一串红'范豪特'
Salvia splendens 'Ven Houtei'

唇科　非耐寒性多年生草本植物
花色：●　日照条件：○～●
耐热性：◉　定植时期：4—6月、9—10月

| 1 | 2 | 3 | 4 | 5 | 6 | 7 | 8 | 9 | 10 | 11 | 12 |

这是一种酒红色大花型一串红，花色能够让人感受到秋天的氛围。但耐寒性弱，需要放在室内过冬。

大丽花
Dahlia spp.

菊科　非耐寒性多年生草本植物
花色：●●●　　●　日照条件：○
耐热性：◉　定植时期：3—5月

| 1 | 2 | 3 | 4 | 5 | 6 | 7 | 8 | 9 | 10 | 11 | 12 |

花色和花型都有非常多的选择，其中中型至大花型的开花性强，可作为花园的主角。建议在春季种植，这样秋季的花量会非常可观。

中
40~70 cm

重瓣秋英
cosmos bipinnatus

菊科　半耐寒性一年生草本植物
花色：●●　日照条件：○
耐热性：○　定植时期：5—7月

| 1 | 2 | 3 | 4 | 5 | 6 | 7 | 8 | 9 | 10 | 11 | 12 |

筒状花瓣看上去非常华丽，独特的裂片线形叶片也具观赏性。如果想给院子带来一丝秋意，那么将它种在焦点位置是非常合适的。

巴西莲子草'锈红'
Alternanthera dentata 'Rubiginosa'

苋科　非耐寒性多年生草本植物
叶色：●　花色：□　日照条件：○～●
耐热性：◉　定植时期：5—10月

| 1 | 2 | 3 | 4 | 5 | 6 | 7 | 8 | 9 | 10 | 11 | 12 |

叶片呈深紫红色，搭配球状白花十分可爱。由于它容易分枝且横向生长，所以适合在秋季做补植用。

金鸡菊
Coreopsis spp.

菊科　耐寒性多年生草本植物
花色：●●　　　　　日照条件：○
耐热性：◎　定植时期：5—6月、9—10月

| 1 | 2 | 3 | 4 | 5 | 6 | 7 | 8 | 9 | 10 | 11 | 12 |

花型较大，分枝性强，株型密实。花色会随着温度变化，植株强健且耐闷热，非常好养护。

低
40 cm 以下

鹅河菊
Brachyscome anustifolia

菊科　半耐寒性常绿多年生草本植物
花色：●　日照条件：○
耐热性：○　定植时期：3—5月、10—11月

| 1 | 2 | 3 | 4 | 5 | 6 | 7 | 8 | 9 | 10 | 11 | 12 |

这种鹅河菊的花型比普通品种要大一圈，而且非常强健。耐热，花期长，株型呈茂密的半球形。

青葙
Celosia argentea

苋科　非耐寒性一年生草本植物
花色：●复色　日照条件：○～●
耐热性：◉　定植时期：4月、9—10月

| 1 | 2 | 3 | 4 | 5 | 6 | 7 | 8 | 9 | 10 | 11 | 12 |

大大的花序搭配红色的叶片非常吸睛，肯定会成为院子里的焦点。花期长，可供长时间观赏。怕湿，养护时注意控水。

花叶绿苋草
Alternanthera ficoidea

苋科　非耐寒性常绿灌木
叶色：●●　复色　日照条件：○～●
耐热性：◉　定植时期：5—10月

| 1 | 2 | 3 | 4 | 5 | 6 | 7 | 8 | 9 | 10 | 11 | 12 |

叶片颜色鲜艳，植株矮小茂密。叶片颜色因早晚的温差变得更美。但比较怕冷，种在室外只能当作一年生植物。

* 请纵向查看各个主题推荐的植物，从中选择喜爱的植物组合，打造属于自己的花坛。

日照条件：○= 全日照　●= 半阴　●= 全阴；耐热性：◉ = 强　◎ = 较强　○= 一般　△ = 较弱　▲= 弱

自然风格	朴素风格	华丽风格

高 70cm以上

打破碗花花

Anemone hupehensis var. *japonica*

毛茛科　耐寒性多年生草本植物
花色：● 　　日照条件：○～◐
耐热性：○ 　定植时期：3—5月、9—10月

| 1 | 2 | 3 | 4 | 5 | 6 | 7 | 8 | 9 | 10 | 11 | 12 |

花茎细长有直立性，花朵比较有特点。植株生长旺盛，茎匍匐扩张横向生长。夏季需要遮挡直射光。

泽兰'巧克力'

Eupatorium rugosum 'Chocolate'

菊科　耐寒性多年生草本植物
花色：○ 　叶色：● 　日照条件：○～◐
耐热性：◉ 　定植时期：4—6月、9—11月

| 1 | 2 | 3 | 4 | 5 | 6 | 7 | 8 | 9 | 10 | 11 | 12 |

春季生长的暗紫色叶片搭配秋季盛开的白色小花，这种鲜明的对比是它的魅力之一。在夏季到来之前进行修剪可维持株型紧凑。

匍匐鼠尾草'西德克萨斯风格'

Salvia reptans 'West Texs Form'

唇形科　耐寒性多年生草本植物
花色：● 　　日照条件：○～◐
耐热性：◉ 　定植时期：5—10月

| 1 | 2 | 3 | 4 | 5 | 6 | 7 | 8 | 9 | 10 | 11 | 12 |

细长直立的株型，搭配钴蓝色的花朵，十分优雅迷人。由于植株较高，只需要在夏季前修剪，就能维持株型了。

中 40~70cm

花叶金线草

Antenoron filiforme form *albiflorum*

蓼科　耐寒性多年生草本植物
花色：● 　　日照条件：○～◐
耐热性：◉ 　定植时期：5—10月

| 1 | 2 | 3 | 4 | 5 | 6 | 7 | 8 | 9 | 10 | 11 | 12 |

带有斑纹的叶片会将阴暗处照亮。到了秋季会长出细长的花茎、开出纤细的花朵。植株强健，基本不需要怎么打理。

石竹'初恋'

Dianthus spp.

石竹科　半耐寒性多年生草本植物
花色：● 　　日照条件：○
耐热性：○ 　定植时期：4—5月、9—10月

| 1 | 2 | 3 | 4 | 5 | 6 | 7 | 8 | 9 | 10 | 11 | 12 |

只需一株植物便可观赏到从白色渐变到粉色的花朵。相较其他品种株型更высокого，好打理，四季开花，修剪后可继续开花。

大丽花'韦拉克鲁斯'

Dahlia spp.

菊科　半耐寒性球根植物
花色：● 　　日照条件：○
耐热性：◉ 　定植时期：3—5月

| 1 | 2 | 3 | 4 | 5 | 6 | 7 | 8 | 9 | 10 | 11 | 12 |

株型小巧密实，花期长，开花性佳，中型至大型的花不断开放。不管是地栽还是盆栽都很合适。

低 40cm以下

褐果薹草'杰妮克'

Carex brunnea 'Jenneke'

莎草科　半耐寒性常绿多年生草本植物
叶色：斑叶 　日照条件：○～◐
耐热性：◎ 　定植时期：3—6月、9—11月

| 1 | 2 | 3 | 4 | 5 | 6 | 7 | 8 | 9 | 10 | 11 | 12 |

叶片纤细密集、直立性强，中央有一条贯穿叶片的纹路。生长缓慢，不管是地栽还是盆栽都很合适。

筋骨草'迪克西芯片'

Ajuga tenorii 'Dixie Chip'

唇形科　耐寒性多年生草本植物
花色：● 　叶色：复色 　日照条件：○～◐
耐热性：◉ 　定植时期：3—5月、9—11月

| 1 | 2 | 3 | 4 | 5 | 6 | 7 | 8 | 9 | 10 | 11 | 12 |

叶片颜色会随着季节而变化。开花性佳，整个植株都会开花。由于生长缓慢，所以狭窄的空间也非常适合种植。

锡那罗亚鼠尾草

Salvia sinsloensis

唇形科　半耐寒性多年生草本植物
花色：● 　　日照条件：○
耐热性：◉ 　定植时期：5—6月、9—10月

| 1 | 2 | 3 | 4 | 5 | 6 | 7 | 8 | 9 | 10 | 11 | 12 |

最大的特点是其深蓝色的花朵和到了秋季会变成铜褐色的叶片。株型小巧，可长期持续开花。

▨▨▨ ＝开花期　▨▨▨ ＝观赏期

适合冬季花坛的植物组合图鉴

	低维护植物	必备植物	浪漫风格

高
70 cm 以上

淡红茵芋
Skimmia rubella

芸香科　半耐寒性常绿灌木
花色：●　日照条件：○~◐
耐热性：◎　定植时期：10—11月

| 1 | 2 | 3 | 4 | 5 | 6 | 7 | 8 | 9 | 10 | 11 | 12 |

秋季拥有一串串圆滚滚的红色花蕾，到了春季会开出白色的小花，可长期观赏。生长缓慢，干燥的半阴地区也可种植。

雪白喜沙木
Eremophila nivea

玄参科　半耐寒性灌木
花色：●　日照条件：○~◐
耐热性：△　定植时期：9—11月、4—6月

| 1 | 2 | 3 | 4 | 5 | 6 | 7 | 8 | 9 | 10 | 11 | 12 |

雪白喜沙木的银叶具毛茸茸的质感，看上去十分亮眼。它的花朵呈蓝色，是非常适合种在花坛里的一种小灌木。养护时注意湿度不要过高。

欧石楠'白双喜'
Erica colorans 'white delight'

杜鹃花科　耐寒性常绿灌木
花色：+ ●　日照条件：○
耐热性：△　定植时期：10—12月

| 1 | 2 | 3 | 4 | 5 | 6 | 7 | 8 | 9 | 10 | 11 | 12 |

欧石楠'白双喜'的花呈筒形，并且随着花朵开放，会逐渐变为粉色。因为它怕高温高湿，所以要种植在阳光充足且通风的地方。

中
40~70 cm

芙蓉菊
Crossostephium chinense

菊科　半耐寒性常绿灌木
叶色：银　日照条件：○
耐热性：◎　定植时期：3—4月、10—12月

| 1 | 2 | 3 | 4 | 5 | 6 | 7 | 8 | 9 | 10 | 11 | 12 |

银叶菊的叶片呈银白色，非常美。由于它是常绿植物，故可在冬天一直保持银色。当然也可以观花，但花后株型会变乱，记得花后要修剪。

紫罗兰
Matthiola incana

菊科　半耐寒性一年生草本植物
花色：●●●●　日照条件：○
耐热性：△　定植时期：3—4月、10—12月

| 1 | 2 | 3 | 4 | 5 | 6 | 7 | 8 | 9 | 10 | 11 | 12 |

紫罗兰花色丰富，容易分枝，开花性佳。适合种植在光照充足并且通风的地方。重瓣品种的花期会更长。

金鱼草'托尼'
Antirrhium majus spp.

车前科　耐寒性一年生草本植物
花色：●●●●　日照条件：○
耐热性：○　定植时期：10—12月

| 1 | 2 | 3 | 4 | 5 | 6 | 7 | 8 | 9 | 10 | 11 | 12 |

半重瓣花朵次第开放，十分壮观。推荐秋季种植，这样植株的营养比较充足，春季的花量就会非常可观。花色丰富，且多数是柔和的暖色系。

低
40 cm 以下

帚石楠'园艺少女'
calluna unlgaris 'Garden Girls'

杜鹃科　耐寒性常绿灌木
花色：●●●　日照条件：○
耐热性：△　定植时期：10—12月

| 1 | 2 | 3 | 4 | 5 | 6 | 7 | 8 | 9 | 10 | 11 | 12 |

帚石楠的一串串花苞给整株植物带来鲜艳的颜色，花期长，可一直开到春季。怕高温高湿的环境，一定要多通风。

角堇
Viola × wirrrockiana

堇菜科　耐寒性一年生草本植物
花色：●●●●　日照条件：○
耐热性：△　定植时期：10—12月

| 1 | 2 | 3 | 4 | 5 | 6 | 7 | 8 | 9 | 10 | 11 | 12 |

建议秋季种植，这样冬季花量会更多，并且能一直开到春季。到了春季后，株型容易变得散乱，一定记得摘残花、修剪枝条。

迷你羽衣甘蓝
Brassica oleracea var. *acephala*

十字花科　耐寒性一年生草本植物
叶色：●●●○　日照条件：○~◐
耐热性：△　定植时期：10—12月

| 1 | 2 | 3 | 4 | 5 | 6 | 7 | 8 | 9 | 10 | 11 | 12 |

羽衣甘蓝就像月季一样华丽，即使是冬季株型也不会有什么变化，可以尝试密植，效果非常好。

* 请纵向查看各个主题推荐的植物，从中选择喜爱的植物组合，打造属于自己的花坛。

日照条件：○= 全日照 ◐= 半阴 ●= 全阴；耐热性：◉= 强 ◎= 较强 ○= 一般 △= 较弱 ▲= 弱

朴素风格

戟叶浆果藜

Rhagodia hastata

苋科　耐寒性常绿灌木
叶色：银色　日照条件：○ ~ ◐
耐热性：◉　定植时期：3—5月、9—11月

| 1 | 2 | 3 | 4 | 5 | 6 | 7 | 8 | 9 | 10 | 11 | 12 |

戟叶浆果藜纤细的银色叶片十分美丽。低温会使叶片部分变红。耐干燥，植株强健。如果株型乱了，可以进行修剪。

兔儿尾苗'格蕾丝'

Veronica longifolia 'Grace'

车前科　耐寒性多年生草本植物
花色：●　日照条件：○
耐热性：○　定植时期：3—4月、10—12月

| 1 | 2 | 3 | 4 | 5 | 6 | 7 | 8 | 9 | 10 | 11 | 12 |

气温低的时候叶片会变成有光泽的巧克力色，花期在春、秋两季。春季叶片会变成绿色，比较怕高温高湿的环境。

花簪花笺菊

Rhodanthe chlorocephala

菊科　半耐寒性一年生草本植物
花色：○　日照条件：○
耐热性：△　定植时期：3—4月、10—12月

| 1 | 2 | 3 | 4 | 5 | 6 | 7 | 8 | 9 | 10 | 11 | 12 |

白色花朵的触感像纸张，花蕾的萼片比较特别，是粉色的。由于花比较怕水，所以浇水时不要淋到花朵。

复古风格

花叶木藜芦

Leucothoe catesbaei

杜鹃花科　半耐寒性常绿灌木
叶色：● 有斑纹　日照条件：○ ~ ◐
耐热性：◎　定植时期：3—5月、9—11月

| 1 | 2 | 3 | 4 | 5 | 6 | 7 | 8 | 9 | 10 | 11 | 12 |

花叶品种较原生种更小巧，叶片上还有清晰的斑纹。半阴环境也可以健康生长，但生长比较缓慢。温度低时叶片会变红。

金盏花'咖啡奶油'

Calendula 'Coffee Cream'

菊科　耐寒性一年生草本植物
花色：● ~ ●　日照条件：○
耐热性：△　定植时期：3—4月、10—12月

| 1 | 2 | 3 | 4 | 5 | 6 | 7 | 8 | 9 | 10 | 11 | 12 |

金盏花'咖啡奶油'的花色非常有特点，花瓣外侧带有一圈棕色。花量大、花期长。养护时记得稍微控水。

杂交香雪球

Lobularia hybrid

十字花科　耐寒性多年生草本植物
花色：○　日照条件：○
耐热性：◉　定植时期：10—12月

| 1 | 2 | 3 | 4 | 5 | 6 | 7 | 8 | 9 | 10 | 11 | 12 |

叶片带有黄色的斑纹十分美丽。需要种在排水通风条件好的地方。生长旺盛，下垂的枝条也是它的看点之一。比较耐热，花期长。

简约风格

车桑子'紫叶'

Dodonaea viscosa 'Purpurea'

无患子科　半耐寒性常绿灌木
叶色：●　花色：● ~　日照条件：○ ~ ◐
耐热性：◎　定植时期：3—5月、10—12月

| 1 | 2 | 3 | 4 | 5 | 6 | 7 | 8 | 9 | 10 | 11 | 12 |

椭圆形的细长叶片一遇到低温就会变成紫褐色。株型比较紧凑整齐，冬季需要避开强风。

银莲花

Anemone spp.

毛茛科　耐寒性多年生草本植物
花色：●●●●　日照条件：○
耐热性：△　定植时期：3—4月、11—12月

| 1 | 2 | 3 | 4 | 5 | 6 | 7 | 8 | 9 | 10 | 11 | 12 |

华丽的重瓣花朵看上去非常有分量，适合种植在焦点位置。如果在深秋种下开花株，能一直开到次年春季。

屈曲花

Iberis sempervirens

十字花科　耐寒性多年生草本植物
花色：○　日照条件：○
耐热性：△　定植时期：10—12月

| 1 | 2 | 3 | 4 | 5 | 6 | 7 | 8 | 9 | 10 | 11 | 12 |

屈曲花花量大，开花时非常壮观，株型比较茂密，不散乱。比较怕闷热，要经常通风，花后记得修剪。

高　70cm以上

中　40~70cm

低　40cm以下

▨ = 开花期　▨ = 观赏期

在花坛活用庭院灌木或小乔木

通常来说，运用在花坛的植物多以花草为主，如果要更有效地利用狭小空间，种植上灌木或小乔木来营造高低差，可以呈现一定的规模，使空间显得更宽敞。在这里，将为大家介绍在花坛里加入灌木或小乔木之后，能打造出立体感的绝妙搭配。

在厨房的墙外种植灌木

①酸模
②生菜
③红柄甜菜

这是一座以观叶类蔬菜为中心，将迷迭香作为树篱的厨房花园。即使花坛内混合种植了各种蔬菜，由于使用迷迭香将边缘围了起来，使得整体显得紧凑整洁。为了不遮挡到蔬菜，需要定期修剪迷迭香。

迷迭香
Rosmarinus officinalis

唇形科　常绿灌木
花色：●●○
日照条件：○～◑　耐热性：◎
定植时期：3—4月、9—11月

1	2	3	4	5	6	7	8	9	10	11	12

耐热、耐寒、耐旱，十分强健。从直立型到匍匐型生长的都有，生长迅速，需要经常修剪。

白色花朵点亮整体

①玉簪
②铁筷子
③假匹菊'非洲之眼'
④郁金香

这座花坛以红色作为主题色彩。由于红色是比较浓烈的色彩，所以在这里种植了假匹菊'非洲之眼'、鸡麻这类开白色花朵的植物，使整体变得清晰、明亮。鸡麻起到了衔接后方的高大树木与前方花草的作用。由于鸡麻是落叶灌木，所以种植上了常绿的铁筷子为冬季增添一抹绿意。

鸡麻
Rhodotypos scandens

蔷薇科　落叶灌木
花色：○
日照条件：○～◑　耐热性：◎
定植时期：3月、10—11月

1	2	3	4	5	6	7	8	9	10	11	12

花朵清秀可人，像茶花一般。过了四五年就要从植株基部剪掉老枝，促使萌发新枝，重塑树型。

明暗交替的雅致树荫花坛

①麦冬'白龙'
②匍匐筋骨草
③大灰藓
④花叶紫金牛

这是一个和风角落，栽种了在半阴环境下生长缓慢、低维护的彩叶植物。如果全是铜红色叶片，难免给人以幽暗的印象，加入了带有白色或黄绿色斑纹的叶片之后，整体变得明亮起来。

南天竹
Nandina domestica 'Flirt'

小檗科　常绿灌木
花色：○　叶色：●
日照条件：○～◑　耐热性：○
定植时期：3—4月、10—12月

1	2	3	4	5	6	7	8	9	10	11	12

植株低矮紧凑，横向生长。树高约1.5m。无论是新叶鲜亮的铜红色，还是红叶期的正红色，都很有欣赏价值。

把树荫花园变得更加明亮

泽八仙花'恋路滨'
Hydrangea serrata 'Koijigahama'

虎耳草科　落叶灌木
花色：●○　叶色：斑叶
日照条件：○～◑　耐热性：◎
定植时期：3月、10—11月

1	2	3	4	5	6	7	8	9	10	11	12

叶缘带有斑纹，十分美丽。即使在开花前也可为周边添色。蓝白渐变的花朵与花叶十分相称。

这个角落位于落叶树下，初夏过后就会变成荫蔽地带。种植上绣球和玉簪这样的花叶品种，让整体变得更加明亮。可运用具有一定高度的百合来制造丰满感和华丽感。在百合基部附近，种植上茎叶俱佳的莫奈薰衣草（特丽莎香茶菜）作为收脚。

①重瓣东方百合
②玉簪　③莫奈薰衣草

在花坛活用月季

也许大家想体验将月季与其他花草组合种植的乐趣，但是又担心养不好，不妨尝试在角落摆上一盆吧。这样不仅会成为庭院的点睛之笔，而且方便移动，让月季的养护变得更轻松。推荐选用风格简洁的花盆，这样就不会喧宾夺主。月季经过强剪之后可以塑造成"棒棒糖"，即使在狭窄的地方也能供人欣赏。

①红叶细叶香芹
②鼠尾草'紫色火山'
③芒草

月季'杰奎琳·杜普蕾'
Rosa 'Jacqueline du Pré'

蔷薇科　耐寒性落叶灌木
花色： ○
日照条件： ○　**耐热性：** ○
定植时期： 3—5月、12月至次年1月

1	2	3	4	5	6	7	8	9	10	11	12

白色的半重瓣花瓣配以红色的花蕊，给人以深刻的印象。横向生长。冬天通过修剪可以使株型变得紧凑。

花繁叶茂耐修剪

将灌木修剪成"棒棒糖"形状，不仅能成为庭院的焦点，还能空出下部的空间种植上花草，使整体效果更加华丽。为了搭配红花檵木的花色，花草也都选择了粉色系，增加了整体的统一感。

①柳穿鱼
②三色堇
③郁金香

红花檵木
Loropetalum chinense var. *rubra*

金缕梅科　常绿灌木或小乔木
花色： ●　**叶色：** ●
日照条件： ○~●　**耐热性：** ◎
定植时期： 3月、10—11月

1	2	3	4	5	6	7	8	9	10	11	12

鲜红色花朵十分艳丽。耐修剪，也很适合作为绿篱植物。如果想要多赏花就要在花后及时修剪。

庭院的焦点

紫叶风箱果
Physocarpus opulifolius 'Diabolo'

蔷薇科　落叶灌木
花色： ○　**叶色：** ●
日照条件： ○~●　**耐热性：** ◎
定植时期： 3月、10~11月

1	2	3	4	5	6	7	8	9	10	11	12

叶色红到发紫、紫到发黑，与球形的白色花朵互相衬托。沉静的叶色能成为庭院的点睛之笔。

①彩叶草
②矮牵牛
③金边亮叶忍冬'柠檬女人'

拥有黄绿色或粉色的明亮叶色的彩叶草与矮牵牛交织在一起，生长得浑圆茂盛的紫叶风箱果的铜红色叶片成为点睛之笔。沉稳的叶色成为背景，将前面生长的花草衬托得更加娇艳。夏季，这样的明暗交织能带给人清爽的感受。

Chapter 6
养护花坛植物的秘诀

定植的要点

为了让植物尽快顺利存活，趁着根系潮湿的时候迅速完成定植

● **所需材料与工具**

移植铲

（视情况准
备腐叶土和
缓释肥。）

　　花坛虽小，但人们往往乐于将植物塞得满满当当。初夏是植物生长最旺盛的时期，在这之后，需要我们勤快地修剪、清理残叶。如果必要的话，还要频繁地更换植株，这样就能维持花坛的美貌了。

　　对于一年生草本植物，如果根系在盆底生长满了，定植时可以略微弄散根团，或者去除一些坚硬的根系。对于多年生草本植物，定植时不要切除根系，除非根团已经长得十分紧实，否则也不需要打散根团。两者的共同之处在于，要清理植株基部附近的枯叶、残叶后再定植，动作要快，不要让根系干掉。

一年生草本植物的定植

1 用移植铲挖出一个比根团大一些的种植穴，如果土壤不够松软，就要加入腐叶土充分混合。均匀地撒上适量的缓释肥，与土壤充分混合。

2 接下来要开始为黑种草的小苗定植了。用一只手轻轻托住植物基部，倒扣盆子之后就可以顺利脱盆了。如果底部的根系长得比较满，要轻轻地打散。

3 植株基部如果有残叶，要清理干净。如果有杂草，要拔除。

4 将小苗种到种植穴内，从四周将土壤聚拢到植株基部，并用手轻轻地压实，使小苗的根系与土壤充分结合。从植株基部浇水，浇透后定植工作就大功告成了。

多年生草本植物的定植

1 定植矾根小苗。轻轻托住植物基部，倒扣盆子脱盆。这时候，要查看底部的根系是否长满。

2 如果植株基部周围有残叶，需要进行清理。如果长了杂草要拔除。一般来说不需要打散根团。如果根系长得很满，要稍微打散底部的根系。

3 用移植铲挖出一个比根团大一些的种植穴，如果土壤不够松软就要加入腐叶土充分混合。均匀地撒上适量的缓释肥，与土壤充分混合。

4 将小苗种到种植穴内，从四周将土壤聚拢到植株基部，并用手轻轻地压实，让根系与土壤充分结合。从植株基部浇水，浇透后就算完成定植工作了。

替换植株的要点

高效率地替换植株,
拔除植株的地上部分与根部分别处置

　　如果想要花坛一年四季都能花开不断,替换植株是必不可少的。在这个小花坛里,为了应季,需要进行植株替换,所以,就让我们快速、高效地完成吧。

●所需材料与工具

① 三角锄头
② 镰刀
③ 移植铲
④ 腐叶土
⑤ 缓释肥

●要种下的小苗

耧斗菜'巴洛'

将银莲花替换成耧斗菜

1 春天盛开的银莲花已经开始凋谢了。由于银莲花不耐高温和闷湿环境,如果气温再持续升高,就会损伤得更严重。

2 在植株外围5~10cm的地方,深深地插入移植铲,利用杠杆原理将银莲花的根团全部挖起。挖出后,将残留在土里的根系进一步清理干净。

划重点!

3 用移植铲挖出一个比根团略大的种植穴,如果土壤不够松软就要加入腐叶土充分混合,再撒上适量的缓释肥。

> **P O I N T**
> ### 施肥的时机
> 若从定植到替换植株的时间在3个月内,可能肥力还在持续释放中。如果给的肥料太多,可能会伤害植物,所以应尽量避免施肥时间间隔太短。可根据植物的状态,利用追肥的方式来改善植株的生长。

拔出的植株的处理方法

大家都希望能高效、妥善地处理从花坛拔出来的植株。请根据所在城市的垃圾分类方法处理吧。

1. 整株拔除花后植株,集中放在卫生间等处。

2. 在卫生间地板或铺好的报纸上摆放拔出的植株,用剪刀将地上部分和根团分开。

3. 分开后,将地上部分单独收集起来,根据所在城市的垃圾分类方法进行处理。

4. 由于根系上还附着土,请尽可能将土抖落干净。大块的根部请分成小份再丢弃。

4 充分搅拌种植穴内的土壤。将营养钵内的耧斗菜脱盆,无须整理根团,直接放入种植穴即可。尽快种好,避免根系变得干燥。

5 从四周将土壤聚拢到植株基部,并用手轻轻地压实,使小苗的根系与土壤充分结合。从植株基部浇透水后就完工了。

多年生草本植物的分株与日常养护

在适宜的时节，用适当的养护方法培育植物

多年生草本植物可以在适宜的时节，通过适当的养护方法来促使植株进一步生长，延长花期，提升欣赏价值。

将小苗顺利"拉扯"大后，就要进行分株了。植株长得太大的话，可能因老化而越来越不容易开花。通过分株可以刺激植株的活力，使它们重新变得容易开花。分株最好在定植后3~4年进行。从外围略大于植株一圈的位置挖起，分株的时候最好是一丛一丛的，避免切分得太小。

●**所需材料与工具**

① 铁锹　② 移植铲　③ 刮板　④ 缓释肥
⑤ 腐叶土　⑥ 园艺剪刀

黑心菊的分株与移栽

1 这是原本的黑心菊。由于长得太大了，花量不断减少，需要进行分株移栽。

2 用铁锹挖起黑心菊。从植株基部外围插入尖刃，挖出的部分应比植株整体更大。

3 挖起后，仔细确认植株基部的芽点，用铁锹的刃部将植株一分为二。

4 植株过于庞大的话，还可以再分割，一共分成4份。不要分得太小。

5 定好要移植的场所，挖出一个深度约40cm的种植穴，在种植穴内加入堆肥和少量的苦土石灰、缓释肥。

6 将种植穴内的土与堆肥等充分搅拌，把分株后的黑心菊种入种植穴内。

7 将挖出的土回填，直到与植株基部的高度齐平，最后用手轻轻压实。

毛黄连花地上部分的修剪

1 这是过了花期，种植到秋天的毛黄连花。随着气温越来越低，叶子的损伤也越来越多。在植株基部附近已经冒出了芽点。

2 保留新芽，将旧的枝条从着生处用剪刀剪掉。从基部剪除，新芽会长得更整齐，姿态也会更美观。

3 其他的植株也照样操作，把老枝从植株基部剪除，留下新芽越冬。铺上腐叶土，帮助植株抵御严寒。

庭院林木的整枝与修剪

通过整枝与修剪
维持适配花坛整体的大小

●所需工具

修枝剪

当庭院林木长到一定的规模之后，我们希望尽可能养护成比较紧凑的状态。经过春、秋两个生长季，需要修剪长得过长的枝条，以改善通风。对于会开花的植株，可以在花后尽快修剪，这样能避免碰落花芽。

种植在花坛的林木，往往会成为草花的背景。这时候就要根据花坛的大小、与其他植物的协调性，将其修剪成合适的大小。

灌丛石蚕的整枝

1 这是秋天的灌丛石蚕。1年前还是椭圆形，现在，生长强势的枝条与生长缓慢的枝条混杂在一起，显得非常的密集。

2 生长过于强势的枝条，可以从末端剪去枝条整体长度的1/3，使树型变得紧凑。生长密集的枝条要从着生处剪断，以改善通风。

3 根据整体的协调性，把整棵树修剪成浑圆的形状。植株基部附近的残叶也要剪除。

4 完成修剪后，灌丛石蚕瘦身了一圈，密集的部位也得到了疏剪，确保了通风透气。

红花檵木的修剪

1 这是修剪前的红花檵木。生长强势的枝条大有飞出天际的趋势。修剪应选择在秋天或春天开花后进行。

2 对于生长混杂的枝条，可以用修枝剪从枝条着生附近剪掉，改善整体植株的通风情况。

3 对于生长过长的枝条，可以从枝条着生处留有一定距离再剪短。用同样的方法修剪全部的枝条，把株型塑造得紧凑些。

4 这是完成修剪后的红花檵木。瘦身后，枝条疏落，确保了通风。

春天开花季·这是修剪后3个月，春天来临时开花的样子。虽然开花有点零星，但是植株整体都能开花，株型变得紧凑，混杂的枝条也不见了，通风条件得到了改善。

浇水与施肥

避免断水，土干了就要浇透水
在定植的时候施底肥，后期用液体肥追肥

与大花坛相比，小花坛中土的容量较少，所以保水性也比较差。请注意一样要避免断水，只要土干了就要充分给水。

在定植的时候，就要在土里添加缓释型肥料作为底肥，这是最基本的养护工作。根据肥料的种类不同，有的一个月后肥力就会减弱了。根据接下来一直到替换植株之前的这段时间的长短，选择肥力持续时间适宜的种类。如果期间花量少了，可以用水稀释液体肥后再施加给植物。

定植后与花期后的浇水

定植后的浇水
在植株基部充分浇水，顺带把种植的时候沾到叶片上的土一起冲洗干净。

花期后的浇水
如果花瓣上沾到水，可能会受损褪色等。尽量不要把水浇到花朵上。最好用柔和的花洒状水流浇灌。如果水压过强，会溅起泥土，请避免。

基本的底肥和用于追肥的液体肥

定植时的底肥
花坛基本的施肥工作，就是在定植的时候施加适量的缓释型肥料作为底肥，随后将其与土壤、腐叶土充分搅拌混合。

追肥用液体肥，简单易上手
从初夏一直到秋天持续开花的花草，很可能会缺肥。需要从植株基部施与速效性液体肥。由于夏季植物生长放缓，施用肥料的浓度要比通常更稀一点。

杂草的处理

一看到杂草就要马上连根拔除
杂草会破坏苦心经营的花坛的美感，一旦发现就要马上拔除。杂草的繁殖力十分强大，如果放任不管，会迅速蔓延。雨后或浇水后，土壤会变得比较松软，请仔细地检查，把杂草连根拔起。

●所需工具

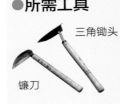

三角锄头

镰刀

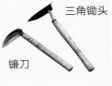

鱼腥草随处可见，生长迅速、繁殖力超强，要清除它们需要耗费时间与精力。

1 鱼腥草的叶片已经蔓延到了花坛的边饰。特别是在春秋季，其繁殖力特别强，一经发现就要拔掉。

2 借助铲子或者三角锄头把植株基部附近的鱼腥草铲起来。操作时，需沿着地下茎的走向铲除。

3 把地下茎连着地上部分一起拔掉。如果只是在土里铲断茎节，从铲断的位置还会继续萌发新芽，需要尽可能拔除长段的茎节。

4 如果放任不管残留的地下茎，鱼腥草会马上继续繁殖。需要找出周边土里残存的茎节，拔干净。

摘除残花与清理底部叶片

维持花坛内花草的美观，摘除残花与清理底部叶片

　　如果想要维持花草的良好状态，定期摘除残花是必不可少的。像角堇和三色堇这样的植物，可以从秋天一直开放到春天，在花坛里大放异彩。然而，花量大就意味着残花多。如果放任残花不管，花坛的颜值就会大打折扣。特别是角堇和三色堇，不剪除残花的话就会开始结种子、消耗养分，导致花量变少，需要特别留意。

　　植株底部的叶片很容易遭受地气闷热或溅起泥土的伤害，从而成为病虫害的温床。有的时候，一些花叶品种会长出返祖的叶片，如果放任不管，整株的叶片都会回到原始的绿色。

●**所需工具**

园艺剪

三色堇的残花摘除

1 要勤快地摘除快开败的三色堇，放任不管，会影响开花。

2 如果只摘除花朵，残留的花茎会显得很碍眼，而且会变得越来越难看，需要留意。

3 残留的花茎是可以从着生处拔起来的。这就是三色堇摘除残花的要点。

4 这里的三色堇，便是从花茎整个摘除残花的，状态十分好。通过勤摘残花，花朵爆满的状态指日可待。

摘除矾根的底部叶片

1 轻轻掀开矾根基部的叶片，查看是否有残叶或枯叶。

2 如果有残叶，从叶柄着生处用剪刀剪除。

3 通过整理，改善了通风，植株基部也变得清爽了。影响美观的叶子都清理掉了，整体显得更好看了。

花叶常春藤的养护

1 在这棵花叶常春藤的基部附近，一片全绿的叶片探出了脑袋，这是植物界的返祖现象。由于全绿色叶片具有更强的繁殖力，如果放任不管，整株植物的叶片都会变成全绿色。

2 我们需要翻看基部，查找出现返祖现象的叶片是从哪里长出来的。找到之后，从其着生处用剪刀剪除。

3 剪除了绿叶之后，就可以观赏单纯的花叶了。与有绿叶的时候相比，给人的印象更加明快。

安插支柱与牵引

保护主角级别的植物不倒伏、不折断

如果要让花坛显得更加华丽灿烂，往往要种植上大型的花草或是林木等，但是它们很容易因暴雨而出现花穗或枝条倒状、折断的现象，这就需要我们利用支柱来支撑它们了。小型的藤本月季等可以用花格架或围栏牵引。中型的风铃草、麦仙翁、钓钟柳等，相较来说，茎枝更容易倒伏，如果插上支柱进行支撑会让人比较安心。大型的大花飞燕草等，花穗会长得非常高，容易折断，需要利用支柱进行支撑。

●所需工具

① 尼龙扎带　② 木槌　③ 支柱（适量）

为大花飞燕草安插支柱并进行牵引

1 秋天种下的大花飞燕草已经抽出了长长的花穗。如果植株的高度已经超过了膝盖的位置，就需要安插支柱了。

2 把支柱放在植株边比量。大花飞燕草整体会长到100cm高以上，埋入地下的深度大约有30cm，要预留出对应的支柱长度。

3 在距离植株一定距离的地方插上支柱，用木槌垂直敲打支柱，使其笔直地立起来。

4 在支柱的1/3处，捆绑固定尼龙扎带的一端。要牢牢固定，不能偏移错位。

5 将尼龙扎带的另一端捆绑在花茎上。由于花茎随着生长会变粗，所以捆绑时需要预留一些空间供其生长。

6 在植株顶部附近再选一个位置进行捆绑固定。如同步骤5，将尼龙扎带先捆绑在支柱上再固定植株。

这样，植株的支撑与牵引工作就完成了。现在植株的高度大约是80cm，接下来还会再长高至少20cm，所以预留出的支柱的长度要有大约50cm。竹制的支柱是可以剪短的，开花后如果支柱比花穗还长，就可以将其剪短，让它显得不那么突兀。

修剪生长旺盛的植物

给繁殖力强的植物进行疏枝，修剪徒长的植物

　　我们将植物定植在花坛中时虽然会按照计划进行，但植物的繁殖力和生长力都是不同的，繁殖力强的植物也许会排挤其他植物不断扩张，而其周围繁殖力弱的植物就会不知不觉间被淘汰掉。所以我们有必要根据植物的生长速度进行修剪，以维持整体的平衡。此外还要通过修剪徒长枝控制其生长。

● **所需工具**

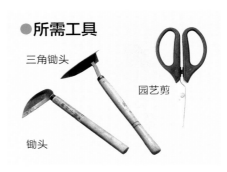

三角锄头

园艺剪

锄头

打理生长密集的临时救

1 临时救会从横向生长的枝条上发根扩张，入侵周围植物的生长空间，因此一定要定期进行疏剪。

2 由于枝条会沿着地面匍匐生长，所以要用三角锄头将长根的枝条斩断。注意翻找植株周围将其彻底拔出斩断。

3 只要蔓延到一处，周围也必定会长出枝条，所以要仔细翻找周围其他植株的基部，发现即斩断。

4 把被临时救入侵的地方清理干净后，将此处原有的植物复原，整理好刚刚翻转过来的茎叶。

5 整理超出花坛边缘的枝条。

6 用剪刀将超出花坛边缘的枝条剪除。

7 剪掉多余部分后，应该还有一些向内生长和横向生长的枝条，将其捋直并修剪整齐。

疏枝和修剪工作完成了。经过修剪的临时救显得清爽、整洁，把花坛内的其他花草衬托得更美观了。

作者简介

天野麻里绘（Amano Marie）

毕业于东京农业大学地域环境科学部造园科。在日本爱知县丰田市有28个主题花园，她作为一名首席园艺师，负责其中一座花园"园艺博物馆——花游庭"的种植与维护。她凭借着对植物的深刻见解和丰富的实践经验，活跃于电视栏目与杂志等，是NHK《趣味的园艺》栏目的常任讲师。

她参与合著的作品有《新手也能自成一派：打造小而精致的庭院》《亲手建造的小小时尚庭院》（以上皆为讲谈社出版）等。

图书在版编目（CIP）数据

花园 MOOK 特辑·花坛设计 /（日）天野麻里绘著；光合作用译 . —— 武汉：湖北科学技术出版社，2021.4
　ISBN 978-7-5706-1248-2

Ⅰ . ①花… Ⅱ . ①天… ②光… Ⅲ . ①观赏园艺 – 日本 – 丛刊 Ⅳ . ① S68-55

中国版本图书馆 CIP 数据核字 (2021) 第033159号

花园 MOOK 特辑·花坛设计
HUAYUAN MOOK TEJI · HUATAN SHEJI

责任编辑：胡　婷
封面设计：胡　博
督　　印：刘春尧

出版发行　湖北科学技术出版社
地　　址：湖北省武汉市雄楚大道268号（湖北出版文化城 B 座13—14楼）
邮　　编：430070
电　　话：027-87679468
网　　址：www.hbstp.com.cn
印　　刷：武汉市金港彩印有限公司
邮　　编：430023
开　　本：889×1149　1/16　5.75印张
版　　次：2021年4月第1版
印　　次：2021年4月第1次印刷
字　　数：150千字
定　　价：48.00元

（本书如有印装质量问题，可找本社市场部更换）